走进大自然

蕨类植物

王艳 ⊙ 编写

吉林出版集团股份有限公司

图书在版编目（CIP）数据

走进大自然·蕨类植物/王艳编写. —— 长春：吉林出版集团股份有限公司，2013.5
ISBN 978-7-5534-1604-5

Ⅰ．①走… Ⅱ．①王… Ⅲ．①自然科学－少儿读物②蕨类植物－少儿读物 Ⅳ．
①N49②Q949.36－49

中国版本图书馆CIP数据核字(2013)第062670号

走进大自然·蕨类植物
ZOUJIN DAZIRAN JUELEI ZHIWU

编　写	王　艳	
策　划	刘　野	
责任编辑	林　丽	
封面设计	贝　尔	
开　本	680mm×940mm　1/16	
字　数	100千	
印　张	8	
版　次	2013年7月第1版	
印　次	2018年5月第4次印刷	

出　版　吉林出版集团股份有限公司
发　行　吉林出版集团股份有限公司
地　址　长春市人民大街4646号
　　　　邮编：130021
电　话　总编办：0431-88029858
　　　　发行科：0431-88029836
邮　箱　SXWH00110@163.com
印　刷　山东海德彩色印刷有限公司

书　号　ISBN 978-7-5534-1604-5
定　价　25.80元

目　　录

Contents

植物界基本类群的划分

美丽的大自然

在地球上，自从生命产生至今，经历了近35亿年的漫长发展与进化历程，形成了约200万种的现存生物，其中属于植物界的生物有30多万种。

在距今35亿年的太古地层中，就发现了菌类和藻类的化石。大约在距今4亿多年前的志留纪，具有真正维管束的植物出现，植物摆脱了水域的束缚，将生态领域扩展到陆地，为大地披上了绿装，也促进了原始大气中氧气的循环和积累。

植物界包括藻类植物、苔藓植物、蕨类植物、裸子植物和被子植物等。绿色植物，借光合作用以水、二氧化碳和无机盐等无机物，制造有机物，并释放出氧。非绿色植物分解现成的有机物，释放二氧化碳和水。有些植物属于寄生类型，依靠寄主生存。植物的活动及其产物同人类的关系极其密切，是人类生存必不可少的一部分。

光合作用

地球上一切生物的生命活动不仅需要有机物质，而且消耗大量能量，而这些物质与能量绝大多数是由绿色植物通过光合作用提供的。光合作用是绿色植物利用太阳光能，将二氧化碳和水合成有机物质，并释放氧气的过程。

寄生植物

寄生植物以活的有机体为寄主，从寄主取得其所需的全部或大部分养分和水分。寄主被寄生植物寄生后，常常出现矮小、黄化、落叶、落果、不开花、不结实等现象，最终死亡。寄生植物主要有槲寄生、桑寄生、菟丝子、列当、肉苁蓉等。

绿色植物的环保作用

绿色植物能够净化污水，消除和减弱生活环境中的噪声，防风固沙，保持水土，涵养水源，吸收有毒物质，杀灭细菌，检测居住环境中的甲醛、二氧化硫、氯、氟、氨等。

球子蕨

高等植物的定义

戟叶蕨

　　高等植物是植物界中株体最大，形态结构与生理功能十分复杂的一类植物。除少数水生类型外，均为陆生；由于长期适应陆地环境条件，除苔藓植物外，都有根、茎、叶和维管束的分化；这类植物的生活周期具有明显的世代交替，即有性世代的配子体与无性世代的孢子体有规律地交替出现。生殖器官由多细胞构成，受精卵发育成胚，并长成植株。高等植物可分为苔藓植物、蕨类植物、裸子植物和被子植物四个门。

　　低等植物则是一类形态、结构和生活方式较简单，在进化过程中处于较低级的植物，一般没有根、茎、叶的分化，整个植物体呈叶状或丝状，甚至一个植物体只由单个细胞形成。它们多数生活在水中，如生活在淡水中的单细胞藻类。

苔藓植物

苔藓植物是高等植物的一门，主要包括苔纲和藓纲两大纲，广泛分布于世界各地，生命力强，能耐受长期干燥和冰冻的环境，最喜欢生长在潮湿的环境中。苔藓植物具有柔软矮小的茎和叶，不开花，没有种子，用孢子繁殖。

裸子植物

裸子植物是原始、低等的种子植物，多数为乔木，少数为灌木或藤本，最早出现于古生代。它们的胚珠外面没有子房壁，没有果皮，种子是裸露的，因此称为裸子植物。

被子植物

被子植物是现代植物界中最高级、最繁盛和分布最广的一个类群，大约有30万种。多数被子植物的胚珠被心皮包被、种子被果实包被，因此而得名。被子植物具有真正的花，具双受精现象，分为双子叶植物纲和单子叶植物纲。

植物美丽的形态

水生蕨类——水蕨

水蕨菜植株

　　水蕨，又名龙牙草、水松草、水铁树、水扁柏，属于水蕨科，为一年生水生草本植物，常生于池塘、水沟或水田中，亦能在潮湿地上生长。全草可入药，能消积、散瘀、解毒，用于活血药和解毒药。

　　水蕨的根茎短而直立，以须根固着于淤泥中，株高30～80厘米，全株绿色，多肉质，根茎短。由茎发生叶7～8枚，伸出水面，叶分营养叶和生殖叶，营养叶柄长20～40厘米，圆柱形，肉质，叶片斜立或浮漂，狭矩圆形，长10～30厘米，宽5～15厘米，二至四回羽状深裂，最末裂片为披针形。生殖叶较大，矩圆形或三角形，长10～40厘米，宽10～22厘米，二至三回羽状深裂，末端裂片带形，角果状，叶缘薄而透明，反卷至主脉，主脉两侧的小脉联合成网状。孢子囊沿生殖叶裂片的网脉着生，排成2裂，稀疏，棕色，幼时被反卷的叶缘覆盖着，熟时多张开，多生于秋至夏天。

食　用

　　水蕨的嫩叶可作菜肴，仅有一些微苦的味道，水分含量较大，直接生用味道较淡，半干燥后食用较为适宜。全草采下先阴干半日，使其枯萎后使用，水浸去苦味后，用醋或酱油调味食用。

药　用

　　由于水蕨的甘、淡、凉，全草能够散瘀拔毒、镇咳化痰、止痢、消积、止血、解毒，可用于治疗腹中痞积、痢疾、胎毒、跌打损伤、疮疖、咳嗽、淋浊、外伤出血等症。

水　蕨　菜

　　水蕨菜属于水蕨科植物，为一年生水生草本，高30～80厘米。水蕨菜的嫩叶用沸水焯后，再用清水浸泡，可食用。

龙牙草植株

蕨类植物的定义

东北多足蕨

　　蕨类植物，又称为羊齿植物，是高等植物中比较低级的一类，也是最原始的维管植物，是陆生植物中最早分化出维管系统的植物类群。蕨类植物和苔藓植物有有同样的发展史，都是在泥盆纪开始出现的。蕨类植物和苔藓植物一样具有明显的世代交替现象，无性世代占优势。蕨类植物无性生殖时产生孢子，有性生殖器官具有精子器和颈卵器，大多分布于长江以南各省区。多数蕨类植物可供食用（如蕨）、药用（如贯众）或工业用（如石松）。在繁殖过程中，所有的蕨类植物都需要静止的水，新生的植物只能存活在肥沃的地方。因此，不容易在整年干燥的地方或四季变化极大的地点看见它们的踪迹。

　　与苔藓植物不同的是，蕨类植物的孢子体比配子体发达，并且有根、茎、叶的分化和由较原始的维管组织构成的输导系统。蕨类植物产生孢子，而不产生种子，这点有别于种子植物。蕨类植物的孢子体和配子体都能独立生活，这点和苔藓植物及种子植物均不相同。总之，蕨类植物是介于苔藓植物和种子植物之间的一个大类群。

世代交替

世代交替指的是在生物的生活史中，产生孢子的孢子体世代（无性世代）与产生配子的配子体世代（有性世代）有规律地交替出现的现象。植物中世代交替以蕨类植物比较明显，孢子体和配子体都能独立生活。

无性世代

无性世代是指植物在二环型的生活史中，以孢子体为生活主体的世代，是从受精后的合子开始，直到孢子形成前发生减数分裂为止这一期间。无性一词一般是强调孢子没有性的区别，是与配子体的有性现象相对比而得名的。

有性生殖

由亲本产生的有性生殖细胞(配子)，经过两性生殖细胞(例如精子和卵细胞)的结合，成为受精卵，再由受精卵发育成为新的个体的生殖方式，称为有性生殖。有性生殖是通过生殖细胞结合的生殖方式。

蕨类的形态

9

食用蕨类——蕨

　　蕨，又名拳头菜、蕨菜、如意菜、狼萁，属于蕨类植物门、真蕨亚门、蕨科，是大型多年生草本植物，为最常见的蕨类植物，常见于林地、灌丛、荒山草坡。蕨的嫩芽可食用，清香可口，有"山珍之王"的美称。根状茎富含淀粉，其营养价值不亚于藕粉，不但可以食用，还可作酿酒的原料。药用有去暴热和利水湿等功效。

水蕨菜幼株

　　蕨的根状茎长而粗壮，横卧地下，表面被棕色茸毛。叶每年春季从根状茎上长出，幼时拳卷，成熟后展开，有长而粗壮的叶柄，叶片轮廓三角形至广披针形，为二至四回羽状复叶，长60～150厘米，宽30～60厘米，革质。孢子囊棕黄色，在小羽片或裂片背面边缘集生成线形孢子囊群，被囊群盖和叶缘背卷所形成的膜质假囊群盖双层遮盖。

淀　粉

　　淀粉是一种多糖，完全水解后得到葡萄糖，分为直链淀粉和支链淀粉两类。淀粉是植物体中贮存的养分，贮存在种子和块茎中，各类植物中的淀粉含量都较高。直链淀粉遇碘呈蓝色，支链淀粉遇碘呈紫红色。

藕　粉

　　藕粉是由干燥的莲藕制成的粉末，是一种传统食品，具有清热凉血、通便止泻、健脾开胃的功效。在加工时，用莲藕经过清洗、粉碎、过滤、除沙净化、浓缩精制、脱水、干燥等工艺，即可制成。

蕨菜保鲜

　　首先将采收的鲜蕨菜洗净，切去硬化部分，分级捆把。然后将捆成小把的蕨菜放入缸内腌渍两次，第一次蕨菜和食盐的比例为10：3，第二次蕨菜和食盐的比例为20：1。

龙须菜幼株

药用蕨类——金毛狗

　　金毛狗，属于蚌壳蕨科金毛狗属，为大型树状陆生蕨类，多生于山麓阴湿的山沟或林下荫处的酸性土壤上。根茎可入药，根状茎还有补肝肾、利尿等功效。植株上金黄色的茸毛，是良好的止血药，中药名为"狗脊"。伤口流血处，粘上茸毛，立刻就能止住流血。去其毛切片，可以作为蔬菜食用。

　　金毛狗的植株高1～3米，体形似树蕨，根状茎平卧、粗大，端部上翘，露出地面部分密被金黄色长茸毛，状似伏地的金毛狗头，故称金毛狗。叶簇生于茎顶端，形成冠状，叶片大，三回羽裂，羽片长披针形，裂片边缘有细锯齿。叶柄长可达120厘米，棕褐色，基具有一大片垫状的金色茸毛，它的幼叶刚长出时呈拳状，也密被金色茸毛，极为美观。孢子囊群生于

蕨根状茎

小脉顶端，囊群盖坚硬两瓣，成熟时张开，形如蚌壳，也颇具特色。

酸性土壤

酸性土壤的pH值小于7，包括砖红壤、赤红壤、红壤、黄壤和燥红土等，呈红色或黄色，广泛分布于热带和亚热带地区，这些地区气温高、降水充沛。茶树等碱性作物适合生长在酸性红壤上。

根 状 茎

根状茎是植物的地下变态茎之一，一般为横生的肉质茎，具有明显的节和节间，先端生有顶芽，节上通常有退化的鳞片叶与腋芽，并常生有不定根。玉竹、苍术、姜、白茅、黄精、鸢尾、睡莲等植物均有根状茎。

蚌壳蕨科

蚌壳蕨科共有5属，属于国家二级重点保护野生植物。植株高大，密被金黄色长柔毛。叶簇生成冠状，大形，基部密被毛茸，羽状分裂。孢子囊群生于叶背面，囊群盖两瓣开裂形似蚌壳状，革质。蚌壳蕨科分布于热带地区及南半球。

焰耳

工业用蕨类——铁芒萁

铁芒萁，又名芒萁骨、芒萁、小里白，为多年生草本，常见疏林的林缘或空间空地呈小片状分布，仅构成面积不大的群落。通常冬季仅下部羽片干枯。全草可入药，具有清热、祛瘀、止血的功效。叶轴可编织菜篮及其他日用品。芒萁具有水土保持、改良土壤的作用，也是火灾后可以急速复原的植物，还可以提取色素做天然染料用。铁芒萁大量生长于酸性红壤的山坡上，是酸性土壤指示植物。

铁芒萁的植株高30～60厘米。根状茎横走，细长，褐棕色，被棕色鳞片。茎密被褐色毛茸，匍匐生长。叶具长柄，褐棕色，无毛；叶轴有5～8回两歧分枝，第一回分叉处无侧生托叶状羽片，其余各回分叉处两侧均各具1对托叶状羽片，末回羽片

朝鲜峨眉蕨幼叶

披针形或阔披针形，叶面绿色，叶背灰白色，无毛。羽片披针形或宽披针形，长20～30厘米，宽4～7厘米，先端渐尖，羽片深裂；裂片长线形，长3.5～5厘米，宽4～6毫米，先端渐尖，钝头，边缘干后稍反卷；叶下白色，与羽轴、裂片轴均被棕色鳞片；细脉2～3次叉分，每组3～4条。孢子囊群着生在细脉中段，有孢子囊6～8个。孢子囊群圆形，具5～7个孢子囊。

叶　　轴

叶轴又称为"总叶柄"，是指复叶的叶柄，先端没有顶芽，叶轴腋内有腋芽，通常复叶上的小叶在叶轴上排列在同一平面上。复叶脱落时，是整个脱落或小叶先脱落，然后叶轴再脱落。

土壤改良

土壤改良是针对土壤的不良性状和障碍因素，采取相应的物理或化学措施，改善土壤性状，提高土壤肥力，增加作物产量，以及改善人类生存土壤环境的过程。土壤改良分两个阶段：保土阶段；改土阶段。土壤改良的基本途径有：水利土壤改良；工程土壤改良；生物土壤改良；耕作土壤改良；化学土壤改良。

天然染料

天然染料是指从植物、动物或矿产资源中获得的、不经过人工合成，很少或没有经过化学加工的染料。根据来源可分为植物染料、动物染料和矿物染料。植物染料有茜草、紫草、苏木、靛蓝、红花、石榴、黄栀子、茶、崧蓝、茛草、柿子、紫草、墨水树等。

蕨类植物的演化

猴腿蹄盖蕨幼株

　　蕨类植物是进化水平最高的孢子植物。原始的蕨类植物包括原蕨植物门、石松植物门、节蕨植物门和真蕨植物门。原蕨植物门是最早而原始的陆生高等植物，出现于志留纪，繁盛于早中泥盆纪，晚泥盆世全部绝灭。石松植物门和节蕨植物门都是古生代重要的造煤植物。它们在地史时期平行演化，最早出现于早泥盆世，晚泥盆世至二叠纪繁盛，遍及全球分布，常形成沼泽丛林，有乔本、草本和小型藤本各种生活型，但中生代后期至现代仅为草本类型。现两门植物种类很少，石松植物目前有5属，其中石松、卷柏两属占现代石松植物的98％，节蕨植物门仅存木贼一属。节蕨植物最早出现于早、中泥盆世，石炭纪至二叠纪全盛，遍及全球，中生代以后逐渐衰退，现仅存一个属。节蕨植物门始现期多为草本，在石炭纪、二叠纪极盛期生活型多样，以乔木状植物为主。真蕨植物门植物是现代生存的蕨类植物中数量最多的，最早出现于中泥盆世，石炭纪中、晚期开始繁盛，并与石松植物门、有节植物门一统成为聚煤原始物料。中生代是蕨类植物又一繁盛期，出现了一些新类型，并延续至今。

乔　木

乔木是指树身高大，高度在5～6米的树木，其独立的主干由根部发生，主干明显，分枝部位较高，树干和树冠有明显的区别，如木棉、松、玉兰等。按冬季和旱季是否落叶，乔木分为常绿乔木和落叶乔木两类。

草　本

草本植物的特征是具有草质或肉质茎，木质部不发达，木质化细胞较少；植株一般比较矮小，茎多汁，较柔软；在生长季结束时，多数草本植物的整体或地上部分死亡，但也有地下茎发达的二年生或多年生草本植物。

藤　本

大多数木本植物的茎具有背地直立生长的习性，而有些植物的茎柔软不能直立生长，它们以自身特有的结构或借茎本身攀援、缠绕或吸附在他物上生长或匍匐、垂吊生长，这样的植物统称为"藤本植物"，又称为"攀援植物"。

美丽的蕨类植物

现代石松植物——石松

高山扁枝石松幼株

　　石松，又名伸筋草，属于石松科石松属，为多年生草本植物，是一种名贵中草药，生于疏林下荫蔽处，具有祛风除湿、舒筋活络等功效，可以用于祛风除湿、通经活络、消肿止痛，治疗风湿腰腿痛、关节疼痛、跌打损伤、刀伤、烫火伤，亦可作蓝色染料。石松叶大扇形，奇特雅致，具有很高的观赏价值。石松的根状茎富含淀粉，不但可食，也可酿酒。蕨的幼叶有特殊的清香，但在食用前须先用米泔水或清水浸泡数日，除去其有毒成分，炒食或干制成蔬菜。

　　石松的匍匐茎蔓生，分枝有叶疏生。直立茎高15～30厘米，分枝。营养枝多回分叉，密生叶，叶针形，长3～4毫米，先端有易脱落的芒状长尾。孢子枝从第二年、第三年营养枝上长出，远高出营养枝，叶疏生。孢子囊穗长2.5～5厘米，有柄，通常2～6个生于孢子枝的上部。孢子叶卵状三角形，先端

蕨类植物

18

急尖而具尖尾，边缘有不规则的锯齿，孢子囊肾形，淡黄褐色，孢子同形。7—8月间孢子成熟。

匍 匐 茎

匍匐茎细长柔弱，蔓延生长，节间较长，节上能生不定根，一般匍匐在地面上，因此得名，一般由主茎上的侧芽发育而成。红薯、草莓、南瓜等植物均有匍匐茎。

色 素

色素是指能改变其他物体颜色的一类物质，分为天然色素和合成色素两类。从植物、动物、矿石中提取的色素，称为"天然色素"。能够添加到食物的色素，称为"食用色素"。

芒

芒为多年生草本植物，属于禾本科芒属。植株高大，茎秆直立。叶片长条形。圆锥花序顶生。芒可加工为青贮饲料，还可作为造纸原料等。

玉柏石松

仅存的节蕨门植物——木贼

木贼，又名锉草、节骨草、无心草、笔头草，为多年生草本蕨类植物，易生长在河岸湿地、溪边。木贼具有疏散风热、明目退翳、止血等功效，可以用于治疗风热目赤、迎风流泪、出血症等疾病。

木贼的根茎短，黑色，匍匐，节上长出密集成轮生的黑褐色根。根状茎斜向横走，粗壮，黑褐色，无块茎。茎丛生，坚硬，直立不分枝，圆筒形，直径4～8毫米，有关节状节，节间中空，茎表面有20～30条纵肋棱，每棱有两列小疣状突起。茎具节和节间，单一或仅基部节上分枝，高30～60厘米，粗4～8毫米，中央腔径3～6毫米，具16～20条肋棱，沿棱脊具2列小瘤状突起；槽内气孔2单行。叶退化成鳞片状，基部合生成筒状的鞘，鞘长6～10毫米，基部有1个暗褐色的圈，上部淡灰色，先端有多数棕褐色细齿状裂片，裂片披针状锥形，先端长，锐尖，背部中央有1浅沟，裂片早落，仅在茎先端及幼茎上者不

木贼

脱落。叶鞘筒贴伏茎上，长7～9毫米，基部呈黑褐色一圈，鞘齿16～20个，狭条状披针形，背部具浅沟，先端长渐尖，黑褐色，常脱落。孢子叶球无柄，长椭圆形，紧密，长6～10毫米，径4～5毫米，棕褐色，先端具小突尖。孢子叶六角盾形，有柄，下生6～10个孢子囊。孢子椭圆形，表面有4条弹丝，潮湿时卷紧，干燥时放松。孢子囊穗生于茎顶，长圆形，长1～1.5厘米，先端具暗褐色的小尖头，由许多轮状排列的六角形盾状孢子叶构成，沿孢子叶的边缘生多个孢子囊，孢子囊大形。孢子多数，同型，圆球形，有两条丝状弹丝，十字形着生，卷绕在孢子上，遇水即弹开，以便繁殖。孢子囊穗6～8月间抽出。

孢　子

　　孢子是指生物产生的能直接发育成新个体的细胞，不需要两两结合，具有繁殖和休眠作用，包括分生孢子、孢囊孢子、游动孢子、结合孢子、卵孢子、子囊孢子、担孢子、休眠孢子等。

孢　子　囊

　　孢子囊是指制造和容纳孢子的组织，分为小孢子囊和大孢子囊。小孢子囊相当于花药，能够产生花粉。大孢子囊相当于心皮。蕨类植物、苔藓植物和被子植物的孢子囊出现的位置也不相同。

孢　子　叶

　　具有异型孢子的植物的孢子叶，分为大孢子叶和小孢子叶。着生大孢子囊的孢子叶为大孢子叶，着生小孢子囊的孢子叶为小孢子叶。卷柏属植物的大孢子叶和小孢子叶基生于枝顶形成孢子叶穗。

蕨类植物与光照

岩蕨植株

　　根据植物与光照强度的关系，可以将植物分为阳性植物、阴性植物和耐阴植物3类。阳性植物在强光条件下生长健壮，在荫蔽和弱光条件下生长发育不良，一般寿命较短。阴性植物在较弱的光照条件下比在强光下生长良好。耐阴植物对阳光的耐受性介于阳性植物与阴性植物之间，在全口照下生长良好，但也能忍耐适度的荫蔽。根据植物开花过程中对光照时间反应的不同，可以将植物分为长日照植物、短日照植物和中间型植物3类。长日照植物在生长过程中，在一定范围内，光照时间越长，开花越早。短日照植物在生长过程中，在一定范围内，遮阴时间越长，开花越早。中间型植物对光照长度没有严格的要求。

蕨类植物喜明亮的散射光，但也能耐较低的光照，切忌阳光直射，怕强光直射，需要放在半荫处养护，或者给它遮阴70％。放在室内的养护的，尽量放在光线明亮的地方，并每隔1～2个月移到室外半荫处或遮阴养护一个月，以让其积累养分，恢复长势。蕨类植物处于不同生长期，对光线的要求不同。一般生长初期即抽芽期，要防止光照过强，多遮阴。休眠期需放在光线充足处。大多数蕨类植物喜过滤性、间接或反射散射光。如光线不足，则植株徒长，显得衰弱或萎蔫。

直 射 光

直射光是指直接照射到植物上的太阳光。在直射光和散射光下，植物都可以进行光合作用。有一些植物需要在较弱的光照条件下才能生长良好，这些植物更适合照射散射光，直射光可能会影响植物的生长。

散 射 光

太阳光分为直射光和散射光。大气中存在的大量漂浮物质，对直射的太阳光起到发散作用，这样就形成了散射光。一般阴天或遮阴下的阳光均为散射光。植物吸收散射光也能进行光合作用，但光合作用较弱。

反 射 光

野生的蕨类多生长于阴湿的环境中。肾蕨喜散射光，耐阴，忌阳光直射。蕨类植物的幼苗都需要遮阴，以防光照过强。但植物的生长需要一定的阳光，如果光强不足，则植株徒长，甚至萎蔫。

耐阴的观赏植物——观音莲座蕨

观音莲座蕨为大型陆生蕨，为优良的观赏蕨类，最宜于大盆栽培。根状茎供药用，具有疏风祛淤、清热解毒、凉血止血、安神等功效。

观音莲座蕨的植株高1～2米，根状茎为肉质肥大直立的莲座状，常生于常绿阔叶林下。叶簇生，叶柄粗壮肉质，基部扩大成蚌壳状并相互覆叠成马蹄形，如莲座，故得名。叶柄长50～70厘米，干后褐色，基部有褐色狭披针形鳞片，腹面有浅纵沟，叶片阔卵形，长宽各约80厘米，二回羽状，羽片5～7对，互生，二回小羽片披针形，35～40对，对生或互生，叶脉单一或二叉，无倒行假脉。叶为草质，两面光滑。孢子囊群呈两列生于距叶缘0.5～1毫米的叶脉上，孢子囊群由8～10个孢子囊组成。

观音莲座蕨喜阴湿凉爽的环境，生长适温为15～22℃，冬季温度维持在10℃以上，低于5℃则叶片受害，空气湿度保持在60%～80%。

河口莲座蕨

阔叶林风光

常绿阔叶林

常绿阔叶林是地带性森林类型的一种，由常绿阔叶树种组成，主要分布于亚热带地区。中国常见的常绿阔叶林树种包括壳斗科、樟科、山茶科、木兰科、五味子科、八角科、金缕梅科、番荔枝科、蔷薇科、杜英科、蝶形花科、灰木科、安息香科、冬青科、茜草科、卫矛科、桑科、藤黄科、五加科、山龙眼科、杜鹃花科等。

马 蹄 形

马蹄形是指三面构成"U"字形，而一面是直线的形状。过去人们开发的蹄形磁铁是与军马蹄子上面使用的马掌铁形状相似，所以马蹄形也泛指带有开口的环形物品。

叶 柄

叶柄是叶片与茎的联系部分，其上端与叶片相连，下端着生在茎上，通常叶柄位于叶片的基部，是连接在茎和叶片之间的水、营养物质和同化物质的通道。有的植物的叶柄具有向性运动，使叶片转向阳光的方向。

蕨类植物与水分

蕨类

　　根据植物对水分的需要，陆生植物通常分为旱生植物、中生植物和湿生植物3类。旱生植物生长在干旱的环境中，能忍受较长时间的干旱，具有较强的抗旱能力，主要分布在干热的草原和荒漠地区，如芦荟、罗布麻、仙人掌类植物等。湿生植物生长在潮湿的环境中，不能忍受较长时间的水分不足，抗旱能力较差，如莎草科植物等。中生植物生长在水湿条件适中的环境中，其形态结构和适应性介于湿生植物和旱生植物之间。

　　蕨类植物对空气湿度要求较高，生长期要每天浇水并进行叶面喷水，以保持湿度。发现植株因缺水而凋萎时，要立即将盆浸入清水中，对植株喷雾。若缺水不严重，几小时后即可恢复。若24小时内仍未恢复，需将萎蔫的叶子全部剪去，可能会重新萌发新叶。浇水最好在早晨进行，特别是叶片裂片细的品种。晚间浇水，水滴滞留在叶隙间，蒸发慢，易引起叶部病害。蕨类植物喜湿润土壤和较高的空气湿度。春、秋季需充分浇水，保持盆土不干，但浇水不宜太多，否则叶片易枯黄脱落。夏季除浇水外，每天还需喷水数次，悬挂栽培需空气湿度更大些，否则空气干燥，羽状小叶易发生卷边、焦枯现象。生长季节应该保持盆土湿润，浇水最好在早晨高温时期经常向叶面喷水，浇水过多，会造成叶片黄化甚至死亡。栽培时宜用排水、保水性好的基质；盆栽时，盆底垫上碎瓦片；生长期要保持盆土湿润，并经常喷水。

喷　雾

喷雾是指通过高压系统将液体以极细微的水喷射出来，这些微小的雾颗粒能长时间漂移、悬浮在空气中，从而形成白色的雾状奇观，极像自然雾的效果。喷雾的微小粒子可能是极小滴的水或颜料。

叶　隙

高等植物由茎生长出叶片时，在叶的维管束从茎的维管束向外分出后，在茎的维管束上还留有维管束痕迹，称为叶隙。单子叶植物的叶隙多不明显。一般叶隙在一节上有三个的居多，称为三叶隙。

蒸腾作用

蒸腾作用是指水分从植物体内以气体状态散失到体外的现象，是水分吸收和运转的动力。蒸腾作用可以促进植物体内物质运输，有利于气体交换，分为皮孔蒸腾和气孔蒸腾两类。

抗旱的卷柏

卷柏植株

　　卷柏，又名九死还魂草，属于卷柏科，为多年生草本植物。它的根能自行从土壤分离，卷缩似拳状，随风移动，遇水而荣，根重新再钻到土壤里寻找水分。因其耐旱力极强，在长期干旱后只要根系在水中浸泡后就又可舒展，故而得名。全草可入药，具有止血、收敛的功效，可以用于治疗头昏头痛、胃痛、腰痛、手脚麻木、骨质增生、高血压、痔疮、咽喉炎、孝喘、咳嗽、风湿痛、跌打损伤、烫伤、外伤出血、感冒等症。

　　卷柏的植株高5～18厘米，主茎直立，常单一，茎部着生多数须根；上部轮状丛生，多数分枝，枝上再作数次两叉状分枝。叶鳞状，有中叶与侧叶之分，密集覆瓦状排列，中叶两行较侧叶略窄小，表面绿色，叶边具无色膜质缘，先端渐尖成无色长芒。孢子囊单生于孢子叶之叶腋，雌雄同株，排列不规则。大孢子囊黄色，内有4个黄色大孢子。小孢子囊橘黄色，内含多数橘黄色小孢子。

九死还魂草

　　卷柏的奇特之处是它极耐干旱和"死"而复生。它的生长环境很特殊，往往生长在干燥的岩石缝隙中或荒石坡上。卷柏一旦失去水分供应，就将枝叶拳曲抱团，并失去绿色，像枯死了一样，遇到水又会重新舒展枝叶，民间将其称为"九死还魂草"。

卷柏复活的原因

　　当干旱来临时，卷柏的全身细胞都处在休眠状态之中，新陈代谢几乎全部停止，像死去一样，得到水分后，全身细胞才会恢复正常生理活动。

浇水的方法

　　卷柏喜欢潮湿的环境，土壤和周围的空气都应保持一定的湿度。浇水时，尽量向植株根部浇水。环境温度较高时，可以用喷壶向植株四周喷水，以降低温度、增加湿度。

市场上的卷柏

蕨类植物与营养

孢子囊群

　　充足的氮会使植物生长旺盛，氮不足会使植株老叶呈灰绿并逐渐变黄，叶片细小；过量的氮易使植株徒长并降低抗性。磷对蕨类植物的根系生长很重要，缺少会使植株矮小，叶子深绿，根系不发达，可对叶面喷磷酸二氢钾、过磷酸钙等补充磷。钾可增强光合作用，促进叶绿素形成，缺乏则老叶出斑点，并逐渐枯黄。另外，缺钙会抑制植株生长，使叶片扭曲，从叶尖开始逐渐死亡。

磷酸二氢钾

磷酸二氢钾为无色结晶或白色颗粒状粉末，是配制培养基的重要成分，主要用作缓冲剂、培养剂，广泛适用于各类型经济作物，具有显著增产增收、改良优化品质、抗倒伏、抗病虫害、防治早衰等作用。

过磷酸钙

过磷酸钙是用硫酸分解磷矿直接制得的磷肥，常温下是灰色粉末，主要有用组分是磷酸二氢钙的水合物和少量游离的磷酸，还含有无水硫酸钙等组分。过磷酸钙属于水溶性速效磷肥，具有改良碱性土壤的作用，可用作基肥、根外追肥、叶面喷洒。它与氮肥混合使用，有固氮作用，减少氮的损失，能促进植物的发芽、长根、分枝、结实及成熟。

氮　　肥

元素氮对作物生长起着非常重要的作用，它是植物体内氨基酸的组成部分，是构成蛋白质的成分，也是植物进行光合作用起决定作用的叶绿素的组成部分。主要氮肥有尿素、氨水、碳酸氢铵、氯化铵、硝酸铵、磷酸铵等。

孢子叶穗

维管植物

　　凡是具有维管系统的植物都称为维管植物，包括蕨类植物和种子植物。维管系统主要由木质部和韧皮部组成。木质部由导管、管胞运输水分。韧皮部由筛管和筛胞运输有机养料。它们大多为陆生植物，只有少数在受精时需要在水中进行。它们的孢子体在生活史中占优势，配子体一般较小。

　　维管束是指维管植物体内由初生的韧皮部和木质部及其周围的机械组织所构成的束。它有规律地相互连接而分布在植物的各个器官中，具输导和支持作用，使植物体成为统一的整体。

　　维管植物是指具有维管组织的植物，维管植物拥有专门的组织来运输水分和养分。它包括蕨类和种子植物，种子植物又分为裸子植物和被子植物。

　　维管植物主要的辨别方法：维管植物具有维管组织，可以让植物生长到一个较大的体积。非维管植物则一直保持着较小的体积。维管植物主要生成阶段是孢子体。在木质部和韧皮部，水分皆会被不停运送：木质部将水和无机溶质从根部运送往叶片，而韧皮部则会把植物中的有机溶质送往全株植物。 维管植物都含有木质化的组织（即木质导管或管胞）。

筛　　管

　　筛管是指高等植物韧皮部中的管状结构，负责光合产物和多种有机物在植物体内的长距离运输，可以双向运输物质，一般以运输有机物为主。由许多管状活细胞上下连接而成。相邻两细胞的横壁上有许多小孔，称为筛孔。两细胞的原生质体通过筛孔彼此相通。根、茎、叶都有筛管，并且是相通的。

地衣

筛　　胞

　　筛胞是裸子植物和蕨类植物韧皮部中运输有机物的结构，筛胞为单个细胞，其端壁不特化为筛板，纵壁上虽有具穿孔的筛域，但筛域上原生质丝通过的孔要比筛孔细小得多，并且其旁侧也无伴胞存在，输导功能远不如筛管。

机械组织

　　机械组织是指植物体内具有支持、巩固和保护作用的组织，可以分为厚角组织和厚壁组织。这种组织与树叶平展、枝干挺立和抵抗外力等有关。

珍稀蕨类——石韦

线叶石韦植株

石韦，又名石皮、石䓫、金星草、石兰、石剑、石背柳，属于水龙骨科，具有利水通淋、清肺泄热的功效，可以用于治疗肺热喘咳。

石韦的植株高10～30厘米。根状茎细长，横生，与叶柄密被棕色披针形鳞片，顶端渐尖，盾状着生，中央深褐色，边缘淡棕色，有睫毛。叶远生，近二型；叶柄长3～10厘米，深棕色，有浅沟，幼时被星芒状毛，以关节着生于根状茎上；叶片革质，披针形至长圆状披针形，长6～20厘米，宽2～5厘米，先端渐尖，基部渐狭并不延于叶柄，全缘；上面绿色，偶有星状毛和凹点，下面密被灰棕色的星芒状毛；不育叶和能育叶同型或略短而阔；中脉上面稍凹，下面隆起，侧脉多少可见，小脉网状。孢子囊群满布于叶背面或上部，幼时密被星芒状毛，成熟时露出。植株无囊群盖。

狭叶石韦

狭叶石韦的植株高20～30厘米。根状茎短而横卧，叶片带状，干后纸质，上面灰绿色至淡黄色，光滑无毛。孢子囊群近卵形，聚生于2/3以上的叶片下面，幼时被棕色星状毛覆盖，成熟时孢子囊开裂而汇合，呈砖红色。

庐山石韦

庐山石韦的植株高20～60厘米。根状茎横生，密被披针形鳞片，边缘有锯齿。叶簇生；叶柄粗壮，长10～30厘米，以关节着生于根状茎上；叶片阔披针形，长20～40厘米，宽3～5厘米。孢子囊群小，在侧脉间排成多行。无囊群盖。

有柄石韦

有柄石韦

有柄石韦的植株高5～20厘米。根状茎长而横生，密被褐棕色的卵状披针形鳞片，边缘有锯齿。孢子叶柄远长于叶片，长3～12厘米，营养叶柄与叶等长；叶片长卵形或卵圆形，先端锐尖或钝头。孢子囊群成熟时满布叶片背面；孢子囊无盖，隐没于星状毛中。

蕨类植物的进化意义

蕨麻植株

　　原蕨植物是生物征服陆地的先驱，它完成了生物从水域扩展到陆地的飞跃。而陆地环境的多样性，有时是促进它们迅速分化发展的外因，因此在早泥盆世中、晚期，除了原蕨植物外，还出现了一些形态、结构较为进步，但仍具部分原始特征的新型植物。裸蕨植物由形态结构上较高级的藻类演化而来，这些藻类具有假根、假叶、假茎，存在着演化成为陆生高等植物的内在依据。由于陆地扩大，新的环境条件就有力地推动了这部分水生植物的形态结构向着适应陆生方向发展。蕨类植物是植物界的一个重要分支，从它的进化历程也可大致了解到整个植物界的漫长进化过程。蕨类植物是一群最古老的高等植物，根据化石材料，大概在上志留纪到中泥盆纪时，已大量出现，而到二叠纪以前相继绝迹，成为古代的蕨类化石植物。在系统演化上最具有代表性的有松叶蕨亚门的莱尼蕨属、裸蕨属、星木属，石松亚门的鳞木属和封印木属，木贼亚门的芦木属等。

裸 蕨 属

裸蕨属是裸蕨科植物的代表，最早出现于志留纪晚期，到了泥盆纪时达到繁盛，是当时陆地上最具优势的陆生植物，分布于世界各地。植物体为枝轴系统，根、叶还未分化。

鳞 木 属

鳞木属是石松类（化石）中已绝灭的鳞木目最有代表性的一属，出现于石炭二叠纪，乔木状，与封印木和芦木共同繁殖在热带沼泽地区，形成森林，是石炭二叠纪重要的成煤原始物料。植株高可达38米，茎部直径可达2米。

芦 木 属

芦木属是木贼目的一个已绝灭的属，出现于石炭二叠纪，与鳞木和封印木共同组成北半球热带沼泽森林，类似现代的木贼。茎中空，髓腔大，具地下茎。芦木属植物乔木状，高达20～30米。

高等植物的花

四季常青——肾蕨

肾蕨

　　肾蕨，又名蜈蚣草、圆羊齿、篦子草、石黄皮，属于肾蕨科肾蕨属，为中型地生或附生蕨，常地生和附生于溪边林下的石缝中和树干上。株形直立丛生，复叶深裂奇特，叶色浓绿且四季常青，适合盆栽观赏。肾蕨的叶或全草可入药，具有清热、利湿、消肿、解毒等功效。

　　肾蕨的植株高30～60厘米。地下具根状茎，包括短而直立的茎、匍匐茎和球形块茎3种。直立茎的主轴向四周伸长形成匍匐茎，从匍匐茎的短枝上又形成许多块茎，小叶便从块茎上长出，形成小苗。肾蕨没有真正的根系，只有从主轴和根状茎上长出的不定根。地部（即从根茎上长的叶）呈簇生披针形，叶长30～70厘米、宽3～5厘米，一回羽状复叶，羽片40～80对，羽片无柄，互生。初生的小复叶呈抱拳状，具有银白色的茸毛，展开后茸毛消失，成熟的叶片革质光滑。羽状复叶主脉明显而居中，侧脉对称地伸向两侧。孢子囊群生于小叶片各级侧脉的上侧小脉顶端，囊群肾形。鳞片线形至披针形，黄褐色，透明。叶簇生，革质，长约65厘米，宽5～7厘米，线形至披针形。基部渐狭，一回羽状复叶；羽片似镰状而钝，基部下侧呈心形，上侧呈耳形，且常盖覆叶轴之上，边缘有钝锯齿，叶脉羽状分枝；基部的羽片排列较疏，退化，短而略呈三角形，通常不生孢子囊。孢子囊群着生于侧脉上部分枝的顶端；孢子囊群盖肾形；孢子椭圆肾形。

陆生蕨类

陆生蕨类是指生长在陆地上的蕨类植物，从土壤中吸收水分和营养物质，包括中国蕨、扇蕨、凤尾蕨等。

新蹄盖蕨植株

附生蕨类

附生蕨类是指附着在树干或岩石表面的蕨类植物。这种蕨类植物不从宿主上获取养分，不扎根于地面土壤中，无法直接从土壤中吸收水分，一般较耐旱，包括狗脊、疏叶蹄盖蕨、光叶鳞盖蕨、苏铁蕨等。

水生蕨类

水生蕨类是指生活在水中的蕨类植物，包括水韭、槐叶萍、水蕨、满江红等。其中，水韭是原始的水生蕨类植物，在中国主要有中华水韭、云贵水韭、台湾水韭和高寒水韭，均是濒危植物。

蕨类植物的分类

现代的蕨类植物约有1.2万种，中国有2600多种，现在仍在演化之中。蕨类植物不产生种子，显著的繁殖器官是孢子体上的孢子囊。根据孢子囊的结构和着生位置，蕨类植物可分为5个纲，即松叶蕨纲、石松纲、水韭纲、木贼纲、真蕨纲。前4纲都是小叶型蕨类植物，是一些较原始而古老的蕨类植物，现存的较少。松叶蕨纲的代表植物为松叶蕨；石松纲的代表植物为石松和卷柏；水韭纲的代表植物为水韭；木贼纲的代表植物为木贼。在蕨类植物中，以真蕨纲的进化水平最高，是地球上现存蕨类植物中最繁茂的一群，代表植物有水龙骨、蕨、贯众、里白、海金沙、问荆、满江红等。

对开蕨植株

蕨类植物

40

海 金 沙

海金沙为多年生草本，可入药，攀援生长，具有匍匐茎，叶为羽状复叶，纸质。孢子囊生于能育羽片的背面，多在夏秋季产生。

问 荆

问荆为多年生草本，属于木贼科木贼属，可入药，具有清热利尿、止血、平肝明目、止咳平喘的功效。根茎斜升，直立或横走，黑棕色。地上枝当年枯萎。能育枝春季先萌发，黄棕色，鞘筒栗棕色或淡黄色。不育枝后萌发，绿色。

蕨幼株

满 江 红

满江红，又名红萍、红浮萍，为多年生草本，属于槐叶萍科满江红属。植株小型，是水田、池塘中占优势的浮生植物，常与浮萍、槐叶萍、无根萍等混生。幼时呈绿色，秋冬时节，群体呈现一片红色。

走进大自然 ZOU JIN DA ZI RAN

古老的蕨类——松叶蕨

　　松叶蕨，又名松叶兰、铁石松、铁刷把、石寄生、石龙须，属于松叶蕨科松叶蕨属，为多年生小型蕨类，是最古老、最原始的陆生高等植物。生于山上岩石裂缝中或附生于树干上。全草可入药，具有活血通经、逐血破瘀、祛风湿等功效，可以用于治疗关节痛风、反胃呕吐等症。松叶蕨枝条着生形态

柔美，具一定的耐阴性，极具观赏价值。松叶蕨为古代孑遗种，本属植物仅两种，在中国仅有松叶蕨。

　　松叶蕨的根茎横行，圆柱形，褐色，仅具假根，二叉分枝。株高15～51厘米。地上茎直立，无毛或鳞片，绿色，下部不

分枝，上部多回二叉分枝。枝三棱形，绿色，密生白色气孔。叶为小型叶，散生，二型；不育叶鳞片状三角形，无脉，长2～3毫米，宽1.5～2.5毫米，先端尖，草质；孢子叶二叉形，长2～3毫米，宽约2.5毫米。孢子囊单生在孢子叶腋，球形，两瓣纵裂，常3个融合为三角形的聚囊，直径约4毫米，黄褐色。孢子肾形，极面观矩圆形，赤道面观肾形。

孑遗植物

孑遗植物又被称为"活化石"，是在绝大部分植物物种灭绝之后，幸存下来的古老植物。中国特有的孑遗植物包括银杏、水松、珙桐、水杉、银杉、红豆杉、台湾杉等。松叶蕨和桫椤也是重要的孑遗植物。

濒危植物

榉叶槭、羊角槭、蕉木、刺五加、马蹄参、刺参、八角莲、普陀鹅耳枥、天目铁木、伯乐树、夏蜡梅、七子花、金铁锁、膝柄木、连香树、半日花、萼翅藤、小花异裂菊、白菊木、雪莲、隐翼、四数木、盈江龙脑香、狭叶坡垒、望天树、青皮、翅果油树、岩高兰、松毛翠、蓝果杜鹃、大树杜鹃等都属于濒危植物。

濒临灭绝的沧形草

沧形草为多年生草本，高达1米。茎不分枝，无毛或被微毛。叶对生，纸质，披针形至线形，两端急尖，两面无毛或上面具疏柔毛。沧形草的毒性很大，仅0.01毫克就可以置人于死地。

蕨类植物的分布

新蹄盖蕨植株

　　蕨类植物广泛分布于全球，寒带、温带、热带均有分布，但以热带和亚热带最多。中国的蕨类植物，大多数分布在西南地区和长江流域以南。中国云南有1400多种蕨类植物，是中国蕨类植物最多的省份。中国贵州、四川、广东、广西、福建等地，蕨类植物无论种类或数量都极为丰富，在世界的蕨类植物中占有重要地位。

　　蕨类植物的有性生殖离不开水，受此影响，蕨类植物多生于山野、林下、溪旁、沼泽等较为阴湿的环境中，少数耐旱品种生长于干旱荒坡，还有少数生长在海边、池塘或水田中。一些蕨类植物，如蕨属和满江红属的植物分布广泛，且具有侵略性，成为了分布区域中很难消除的杂草。还有一些对生长基质的酸碱度有要求，如海金砂只生长在潮湿且强酸性的土地上，而球茎冷蕨则只生长在石灰岩上。

寒　带

寒带是指高纬地带，位于南北纬66°34′的纬线圈内，也就是位于地球的极圈以内。寒带气候终年寒冷，没有明显的四季变化，有极昼和极夜现象，占地球总面积的10%。北极圈以北为北寒带，南极圈以南为南寒带。

温　带

温带是指中纬地带，位于南北半球各自的回归线和极圈之间，气候类型广泛。北半球温带区的范围是从北纬23°26′的北回归线到北纬66°34′的北极圈之间。南半球温带区的范围是从南纬23°26′的南回归线到南纬66°34′的南极圈之间。

热　带

热带是指低纬地带，位于南北回归线之间，气候炎热，全年高温，变幅很小，无四季之分，分为雨季和干季，阳光照射强烈，终年昼夜等长，从赤道到南北回归线，昼夜长短变化的幅度逐渐增大。

蕨类的美丽形态

中国特有的蕨类——扇蕨

扇蕨

扇蕨，属于水龙骨科扇蕨属，为多年生草本植物，是中国特有种，也是国家三级保护渐危种，常见于阴湿常绿阔叶林和针阔混交林下或沟谷地段。水龙骨科约46属500种，绝大部分为热带、亚热带典型的附生植物，中国约有22属150多种。根茎可入药。

扇蕨的植株高达75厘米。根状茎粗而横走，密被鳞片；鳞片棕色，卵状披针形，先端长渐尖，边缘有细齿，覆瓦状排列，叶远生，柄长30~50厘米，无毛，基部关节不明显；叶片扇形，鸟足状分裂，裂片披针形，全缘，中央的长10~30厘米，宽2.5~3厘米，两侧的向外渐缩短；叶纸质，绿色，上面光滑，下面疏生棕色小鳞片，叶脉网状，主脉隆起，细脉连结成六角形网眼，并有分枝的内藏小脉。孢子囊群圆形或长圆形，生于裂片下部紧靠主脉。

国家一级保护植物

国家一级保护植物包括玉龙蕨、中华水韭、光叶蕨、桫椤、革苞菊、长蕊木兰、藤枣、萼翅藤、膝柄木、珙桐、狭叶坡垒、望天树、普陀鹅耳枥、掌叶木、异形玉叶金花、天目铁木、坡垒、合柱金莲木、伯乐树、长白松、银杏、银杉、苏铁属、红豆杉属、百山祖冷杉、水松、水杉、梵净山冷杉、巨柏、元宝山冷杉。

土壤的酸碱度

土壤酸碱度是土壤肥力的一项指标，能够影响植物的生长，可以调节，一般用pH值表示，分为酸性、中性和碱性3类。中国土壤的pH值在4.5至8.5之间。

珙桐

喜阴植物

喜阴植物，又称为阴性植物。这类植物在较弱的光照条件下比在强光下生长良好的植物，多生长在潮湿背阴的地方。常见的喜阴的植物有蕨类植物、人参、酢浆草。

抗寒的蕨——对开蕨

对开蕨植株

　　对开蕨，属于铁角蕨科对开蕨属，为多年生草本植物，仅产于长白山南麓和西侧局部地区，并且分布星散，如不加以保护，将有灭绝危险，现已被定为国家二级保护植物，属稀有种。其分布区域气候温凉、潮湿，土壤为酸性暗棕色森林土。其叶形奇特，颇为耐寒，雪中亦绿叶葱葱，是珍贵的观赏植物。翻转叶的背面，可以发现沿叶的中脉有两列淡棕色排列整齐的线形孢子囊群。

　　对开蕨的根状茎粗短，横卧或斜生。叶着生于根茎上，叶柄禾秆色，叶片阔披针形，长15～45厘米，宽3～5厘米，叶柄与叶片中脉被棕色鳞片，叶顶短尖，叶基心形，孢子囊群着生于叶背侧脉。本种植物分布于长白山地区，生于山中茂密的林下，要求阴湿而土壤腐植质较多的生长环境。对开蕨粗2～3毫米，连同叶轴疏被鳞片，鳞片淡棕色，长8～11毫米，宽约1毫米，线状披针形，全缘。叶片长15～45厘米，宽3.5～5厘米，阔披针形或线状披针形，先端短渐，基部略变狭，深心形两侧圆耳状下垂，中肋明显，上面略下凹，下面隆起，与叶柄同色，侧脉不明显，二回二叉，从中肋向两侧平展，顶端有膨大的水囊，不达叶缘；鲜叶稍呈肉质，干后薄纸质，疏生淡棕色小鳞片。孢子囊群成对地生于每两组侧肋的相邻小肋的一侧，通常仅分布于叶片中部以上，叶片下部不育；囊群盖线形，膜质，淡棕色，全缘，两端略弯向叶肉，并和相邻的一条靠合，成对地相向开口，形如长梭状；孢子圆肾形，周壁具网状褶皱，表面具小刺状纹饰。

常绿植物

常绿植物没有明显的落叶期和休眠期，一般为多年生木本，一年四季都有落叶，分为常绿阔叶树和常绿针叶树两类。常见常绿植物有油松、马尾松、红松、杜鹃、山茶、栀子、木兰、椰子、桑树、榕树等。

观赏植物

观赏植物是指专门栽培以供观赏的植物，一般都有美丽的花或形态比较奇异。中国的观赏植物资源非常丰富，仅高等植物就有3万多种、木本植物有7000多种，还有在世界上只有中国特有的许多珍贵植物，如银杉、银杏、金钱松、珙桐等。

通　风

在夏季高温时，盆栽蕨类植物需多通风，保持植物周围的空气清新、不干燥，在通风的同时，注意水分的供给。盆栽蕨类植物需放在通风的地方，但风速不能过大。

蕨类植物孢子体的形态

茎：大部分是在地下蔓延的地下根状茎，在土中横走，上升或直立。也有少许则是沿着地面蔓生的匍匐枝（如水龙骨科），或是直立的半木本树干（如桫椤科），甚至有些物种可以达到20米之高。

叶：绿色，是蕨类植物进行光合作用的部位。嫩蕨紧紧地卷曲，展开后成为新叶。叶分为小叶和大叶，少数蕨类植物为小叶型，针状或鳞片状，没有叶隙和叶柄；多数蕨类植物为大叶型，呈羽状或多次分裂，有叶柄。

根：须根状，与种子植物的根类似，主要作用是吸收土壤中的水分和养分。多数具有真正的根（不定根），少数只有假根。

假根：与根的结构类似的器官，但不是真正的根。假根的作用是将原叶体固定在土壤中，但不能吸收水分和养分。

东北石松孢子囊穗

孢子囊球

根 状 茎

　　根状茎是植物地下变态茎的一种，常见于多年生植物，外形非常像根，横卧于地下，有明显的节和节间，每节都生有不定根，可以进行营养繁殖。荷花的根状茎称为"莲藕"，竹的根状茎称为"竹鞭"。

叶　　形

　　叶形是指叶片的整体形状、叶缘类型、叶裂类型、叶尖类型、叶基类型、叶脉分布等。叶片整体形状包括圆卵形、圆形、倒阔卵形、卵形、阔椭圆形、倒卵形、披针形、长椭圆形、倒披针形、线形、剑形等。

根的分类

　　根主要分为主根、侧根和不定根3大类。主根由胚根发育而来。侧根侧向生长在主根之上，侧根上还能生长侧根。主根和侧根统称为"定根"。从茎、叶、老根上生长出来的根，位置不固定，称为"不定根"。

嫩芽如拳——荚果蕨

荚果蕨，又名黄瓜香、广东菜，属于球子蕨科，为多年生草本植物，生长在针阔混交林下，灌木丛中及浅山河边湿地上。卷曲未展的嫩叶可作春季山菜食用，因食之有黄瓜的清香味故名黄瓜香。荚果蕨是著名的山野菜，具有清香适口、营养丰富等特点，被誉为"林海山珍"。荚果蕨含有大量的膳食纤维，各种氨基酸、抗坏血酸、维生素等，还含有人体必需的5种常量元素和7种微量元素，还有食疗作用，具有清热、滑肠、降气、益气安神、化痰等功效。

荚果蕨植株高50～90厘米。根状茎短而粗壮，直立，被棕色披针形的鳞片，膜质。叶簇生，二型；营养叶草质，光滑无毛，仅沿叶轴、羽轴及主脉被柔毛，叶柄长10～18厘米，上面有1条深纵沟，基部尖削形，密被鳞片，向上渐稀少，叶片矩圆状倒披针形、矩圆状披针形或披针形，

荚果蕨

长40～70厘米，宽17～22厘米，下部10多对羽片逐渐缩小成耳形，二回羽状深裂；羽片40～60对，互生，相距1～2厘米，披针形或三角状披针形，中部的羽片最大，长7～10厘米，宽12～16毫米，先端渐尖，羽片深裂达羽轴；裂片矩圆形，先端圆，边缘全缘或有浅波状圆齿；叶脉羽状，分离，伸达叶边。孢子叶较短，夏季生出，初时绿色，后变深褐色，直立，有粗硬而较长的柄，叶片狭倒披针形，长15～25厘米，宽5～7厘米，一回羽状，羽片条形，互生，近无柄，两侧向背面反卷成荚果状，包着孢子囊群；孢子囊群圆形，生叶脉背上突起的囊托上；囊群盖膜质、白色，成熟后破裂消失。

氨 基 酸

氨基酸是含有一个碱性氨基和一个酸性羧基的一类有机化合物的通称，是构成蛋白质的基本单位。氨基酸赋予蛋白质特定的分子结构形态，使它的分子具有生化活性。在自然界中共有300多种氨基酸。

抗坏血酸

抗坏血酸又称为"维生素C"，是一种水溶性维生素，主要作用是提高免疫力，预防癌症、心脏病、中风，保护牙齿和牙龈等。富含维生素C的食物包括花菜、青辣椒、橙子、葡萄汁、番茄、樱桃等。

维 生 素

维生素是生物生长和代谢所必需的微量有机物，分为脂溶性维生素和水溶性维生素两类。脂溶性维生素包括维生素A、维生素D、维生素E、维生素K等，水溶性维生素包括B族维生素和维生素C。

茎似树干的桫椤

桫椤是现存唯一的木本蕨类植物，属于蕨类植物门、桫椤科，极其珍贵，堪称国宝，被众多国家列为一级保护的濒危植物，隶属于较原始的维管束植物。桫椤可制作成工艺品和中药，还是一种很好的庭园观赏树木。茎杆髓部含淀粉约27.44%，可提取淀粉代食品。其根状茎具清热解毒等功效。

桫椤的茎直立，高1～6米，胸径10～20厘米，上部有残存的叶柄，向下密被交织的不定根。叶螺旋状排列于茎顶端；茎端和叶柄的基部密被鳞片和糠秕状鳞毛，鳞片暗棕色，有光泽，狭披针形，先端呈褐棕色刚毛状，两侧具窄而色淡的啮蚀状薄边；叶柄长30～50厘米，通常棕色或上面较淡，背面两侧各具一条不连续的皮孔线，向上延至叶；叶片大，长矩圆形，长1～2米，宽0.4～0.5米，三回羽状深裂；

蕨幼株

羽片17～20对，互生，基部一对缩短，长约30厘米，中部羽片长40～50厘米，宽14～18 厘米，长矩圆形，二回羽状深裂；小羽片18～20对，基部小羽片稍缩短，中部的长9～12厘米，宽1.2～1.6厘米，披针形，先端渐尖而具长尾，基部宽楔形，无柄或具短柄，羽状深裂；裂片18～20对，斜展，基部裂片稍缩短；叶脉在裂片上羽状公叉，基部下小脉出自中脉的基部；叶纸质，干后绿色，羽轴、小羽轴和中脉上面被糙硬毛，下面被灰白色小鳞片。孢子囊群着生侧脉分叉处，有隔丝，囊托突起，囊群盖球形，膜质。

爬行动物时代的标志

在距今约1.8亿万年前，桫椤曾是地球上最繁盛的植物，与恐龙同属"爬行动物"时代的两大标志。但经过漫长的地质变迁，地球上的桫椤大都罹难，只有极少数在被称为"避难所"的地方才能追寻到它的踪影。

中国桫椤属

中国桫椤属又称木桫椤，全世界共约230种，中国有11个种和2个变种，分桫椤亚属和黑桫椤亚属。常见植物有桫椤、中华桫椤、南洋桫椤、阴生桫椤、兰屿笔筒树、粗齿桫椤、黑桫椤、毛叶桫椤、大叶黑桫椤、粗齿桫椤、小黑桫椤、西亚桫椤。

药用价值

桫椤削去外皮的髓部可作药用，具有祛风湿、强筋骨、清热止咳等功效，常用来治疗跌打损伤、风湿痹痛、肺热咳嗽，能够预防流行性感冒、流脑、肾炎、水肿、肾虚、腰痛、妇女崩漏等。

铁 线 蕨

铁线蕨，又名铁丝草、铁线草、水猪毛土，属于铁线蕨科铁线蕨属，为多年生常绿草本植物。因其茎细长且颜色似铁丝，故名铁线蕨。铁线蕨也是钙质土的指示物。

铁线蕨植株高15～40厘米。根状茎细长横走，密被棕色披针形鳞片。叶远生或近生；柄长5～20厘米，粗约1毫米，纤细，栗黑色，有光泽，基部被与根状茎上同样的鳞片，向上光滑，叶片卵状三角形，长10～25厘米，宽8～16厘米，尖头，基部楔形，中部以下多为二回羽状，中部以上为一回奇数羽状；羽片3～5对，互生，斜向上，有柄（长可达1.5厘米），基部一对较大，长4.5～9厘米，宽2.5～4厘米，长圆状卵形，圆钝头，一回（少二回）奇数羽状，侧生末回小羽片2～4对，互生，斜向上，相距6～15毫米，大小几相等或基部一对略大，对称或不对称的斜扇形或近斜方形，长1.2～2厘米，宽1～1.5厘米，上缘圆形，具2～4浅裂或深裂成条状的裂片，不育裂片先端钝圆形，具阔三角形的小锯齿或具啮蚀状的小齿，能育裂片先端截形、直或略下陷，全缘或两侧具有

　掌叶铁线蕨植株

啮蚀状的小齿，两侧全缘，基部渐狭成偏斜的阔楔形，具纤细栗黑色的短柄（长1～2毫米），顶生小羽片扇形，基部为狭楔形，往往大于其下的侧生小羽片，柄可达1厘米；第二对羽片距基部一对羽片2.5～5厘米，向上各对均与基部一对羽片同形而渐变小。叶脉多回二歧分叉，直达边缘，两面均明显。叶干后薄草质，草绿色或褐绿色，两面均无毛；叶轴、各回羽轴和小羽柄均与叶柄同色，往往略向左右曲折。孢子囊群每羽片3～10枚，横生于能育的末回小羽片的上缘；囊群盖长形、长肾形或圆肾形，上缘平直，淡黄绿色，老时棕色，膜质，全缘，宿存。孢子周壁具粗颗粒状纹饰，处理后常保存。

尾状铁线蕨

尾状铁线蕨又名鞭叶铁线蕨，株高15～35厘米，根茎直立，一回羽状复叶，丛生，长10～30厘米，宽2～4厘米，叶轴顶部通常延伸成鞭状，其上具芽点，可以长成幼小的植株，或顶部着地生根；小叶上缘浅裂，下缘全缘，两面生毛，叶柄栗色。

团叶铁线蕨

团叶铁线蕨，株高10～20厘米，根茎直立，叶丛生，一回羽状复叶，叶轴顶部延伸成鞭状，顶端着地生根；小叶片团扇形，外缘2～5浅裂，裂片顶部生孢子囊群，边缘全缘，不育部分的边缘具波状锯齿。叶柄纤细，亮栗色，小叶柄长1～2厘米。

荷叶铁线蕨

荷叶铁线蕨为肾叶铁线蕨的变种，是小型的石生蕨。株高5～20厘米，根状茎短而直立，先端密被棕色披针形鳞片和细长柔毛。

叶

蕨类叶片

　　蕨类植物的叶多从根状茎上长出，有簇生、近生或远生的，幼时大多数呈拳曲状，是原始的性状。

　　蕨类植物的叶可有以下分类：

　　根据进化水平，可分为小型叶和大型叶两种。小型叶没有叶隙和叶柄，仅具一条不分枝的叶脉，如石松科、卷柏科、木贼科等植物的叶。孢子囊生于孢子叶的叶腋处或叶基部。孢子叶集生于枝顶，呈球状或穗状。小型叶是由茎的表皮细胞演化而成。具有小型叶的蕨类植物是原始的类群大型具叶柄，叶柄圆柱形，有或无叶隙，有多分枝的叶脉，是进化类型的叶。孢子囊生在孢子叶背面、边缘或集生在特化的孢子叶上，如真蕨类植物的叶。

　　根据形态，大型叶可分为单叶和复叶两类。单叶的叶柄上仅有一个叶片。复叶由叶柄、叶轴、羽片和羽轴等组成，自叶柄上部延伸的叶轴上有多个叶片。

　　根据功能，分为孢子叶和营养叶两种。孢子叶是指能产生孢子囊和孢子的叶，又叫能育叶；营养叶仅能进行光合作用，不能产生孢子囊和孢子，又叫不育叶。有些蕨类植物的孢子叶和营养叶不分，既能进行光合作用，制造有机物，又能产生孢子囊和孢子，叶的形状也相同，称为同型叶，如常见的贯众、鳞毛蕨、石韦等。另外，在同一植物体上，具有两种不同形状和功能的叶，即营养叶和孢子叶，称为异型叶，如荚果蕨、槲蕨、紫萁等。

叶　　片

　　叶片是叶的主体部分，可分叶基、叶尖和叶缘，是植物进行光合作用和蒸腾作用的主要器官。叶片内的薄壁组织富含叶绿素，使叶呈现绿色。叶片主要有单叶和复叶两种形态。一个叶柄上生有一枚叶片的，称为"单叶"；一个叶柄上生有多枚小叶片的，称为"复叶"。

叶　　脉

　　贯穿在叶肉内的维管束称为"叶脉"，具有运输养分和水分的作用，按粗细分为主脉、侧脉和细脉；按排列方式分为平行脉、弧形脉、网状脉和叉状脉。在叶片表面可以见到脉纹。

叶　　序

　　叶序是指叶在茎上有规律排列的方式，主要有互生、对生、轮生、簇生、叶镶嵌等类型。叶序使叶在茎上均匀地分布，有利于植物光合作用的进行。大多数植物具有一种叶序，少数植物具有两种叶序。

同型叶——贯众

贯众，又名两色鳞毛蕨，属于鳞毛蕨科鳞毛蕨属，为多年生草本植物，是比较常见和熟知的一种蕨类植物，常见于林下沟边、墙根等潮湿的地方。根茎可入药，具有清热解毒、凉血止血、杀虫等功效，可以用于治疗邪感、偏热者、发热重、恶寒轻、头痛等症。

贯众的植株高50～100厘米。根茎粗壮，斜生，有较多坚硬的叶柄残基及黑色细根，密被深褐色、长披针形的大鳞片。

叶簇生于根茎顶端；叶柄长10～25厘米，基部以上直达叶轴密生棕色条形至钻形狭鳞片，叶片草质，倒披针形，长60～100厘米，中部稍上处宽20～25厘米，二回羽状全裂或深裂；羽片无柄，裂片密接，长圆形，圆头或圆截头，近全缘或先端有钝锯齿；上面深绿色，下面淡绿色，侧脉羽状分叉。孢子叶与营养叶同形，孢子囊群着生于叶

中部以上的羽片上，生于叶背小脉中部以下，囊群盖肾形或圆肾形，棕色。同属植物还有全缘贯众、刺齿贯众等。

鳞毛蕨属

鳞毛蕨属属于水龙骨目鳞毛蕨科，全属约400种，中国有近200种。根状茎粗短，直立，叶聚生顶部，呈放射状。通常遍体被大小、形状不同的棕色至黑色的鳞片。叶片多回羽裂，少有羽状。孢子囊群生小脉背部，具圆肾形的囊群盖。

刺齿贯众

全缘贯众

全缘贯众属于鳞毛蕨科贯众属，可入药，具有清热、止血的功效，生于海边岩石缝。植株高15～80厘米。根状茎短粗而直立，密被鳞片。叶簇生，连同叶轴密被鳞片。孢子囊群圆形，散生于整个羽片背面。

刺齿贯众

刺齿贯众属于鳞毛蕨科贯众属。植株高30～60厘米。根茎直立，密被披针形黑棕色鳞片。叶簇生，叶片矩圆形或矩圆披针形，坚纸质，腹面光滑，背面疏生披针形棕色小鳞片；叶轴腹面有浅纵沟，疏生线形棕色鳞片。孢子囊群遍布羽片背面。

异型叶——槲蕨

槲蕨

　　槲蕨，又名崖姜、岩连姜、爬岩姜、飞蛾草，属于水龙骨科，为附生草本植物，附生于树上、山林石壁上或墙上。槲蕨的干燥根茎可以入药，称为"骨碎补"，具有补肾、强骨、止痛等功效，可以用于治疗肾虚腰痛、肾虚久泻、耳鸣耳聋、牙齿松动、跌扑闪挫、筋骨折伤；外治斑秃、白癜等症。

　　槲蕨的植株高20～40厘米。根状茎肉质粗壮，长而横走，密被棕黄色、线状凿形鳞片。叶二型，营养叶厚革质，红棕色或灰褐色，卵形，无柄，长5～6.5厘米，宽4～5.5厘米，边缘羽状浅裂；孢子叶绿色，具短柄，柄有翅，叶片矩圆形或长椭圆形，长20～37厘米，宽8～18.5厘米，羽状深裂，羽片6～15对，广披针形或长圆形，长4～10厘米，宽1.5～2.5厘米，先端急尖或钝，边缘常有不规则的浅波状齿，基部2～3对羽片缩成耳状，两面均无毛，叶脉显著，细脉连成4～5行长方形网眼。孢子囊群圆形，黄褐色，在中脉两侧各排列成2～4行，每个长方形的叶脉网眼中着生1枚孢子，无囊群盖。

中华槲蕨

中华槲蕨为附生草本，高20～40厘米。根状茎密被棕色有亮光的披针状钻形鳞片。叶二型，营养叶稀少，红棕色，无柄；孢子叶绿色，具长柄，柄淡棕红色，有狭翅，叶片长圆形或长圆状披针形。孢子囊群圆形，直径约2.5毫米，黄棕色，在中脉两侧各排列成一行，无囊群盖。

石莲姜槲蕨

石莲姜槲蕨为附生多年生草本，高达60厘米。根茎肉质粗肥，横走，密生披针形或卵状披针形鳞片，其边缘有睫毛。叶二型，无毛，营养叶淡棕色。孢子囊群在主脉两侧各排成整齐的一行，靠近主脉，无囊群盖。

蕨类植物的幼叶

蕨类植物的幼叶卷曲呈拳状，称为拳芽。随着植株的生长，拳芽逐渐层层展开，展开后分为叶柄和叶片两部分，具有较高的观赏价值。蕨类植物的主要食用部位就是拳芽，叶片完全展开后就不具备食用价值了。

槲蕨

蕨类植物的根与根状茎

粗茎鳞毛蕨根状茎

  蕨类植物的根除极少数原始的种类为假根外，大多为具有较好吸收能力的不定根，但没有真正的主根。根通常生长在根状茎上，只生长在土壤的表层，因此其保水能力较差。蕨类植物的根具有固定植物、吸收水分与养料的作用，有些种类的根还可以萌发幼苗并形成新的植株。

  茎为地下茎（根状茎）或地上茎（气生茎），维管系统构成中柱（原生中柱、管状中柱、网状中柱、多环中柱），具有保护作用的毛和鳞片。蕨类植物的茎多为根状茎，只有少数种类具有高大直立的地上茎，如苏铁蕨、桫椤等。另外，少数原始的种类兼具根状茎与气生茎。根状茎形状多种多样，生长在地下的通常粗而短，生长在地表的多呈匍匐状。匍匐茎粗壮的，内含有大量的水分与有机物，具有贮藏营养的功能；匍匐茎细小的，仅含少量水分与有机物，能沿着地表、岩石面、树干等攀援生长。茎中具有各种各样的维管组织，现代蕨类中除极少种类如水韭、瓶尔小草外，一般没有形成层的结构。大多数蕨类植物的根状茎都具有无性繁殖新个体的功能。

主　根

根一般分为主根、侧根和不定根。当种子萌发时，胚根发育成幼根突破种皮，与地面垂直向下生长，称为"主根"。当主根生长到一定程度，从其内部生出许多直根，称为"侧根"。

根　系

根系是指植物所有根的综合，包括主根、各级侧根和不定根，分为直根系和须根系两种。一般植物根系的扩展大于地上部分。根据根系在土壤中的分布情况，分为深根系和浅根系。

不　定　根

除了主根和侧根外，在茎、叶或老根上生出的根，称为"不定根"。不定根的发生扩大了植物的根系，使植物和细胞具有了再生能力，在植物器官扦插和组织培养中广泛使用。

高大的蕨类——苏铁蕨

苏铁蕨

　　苏铁蕨，属于乌毛蕨科苏铁蕨属。苏铁蕨的根状茎富含淀粉，它的营养价值不亚于藕粉，不但可食，也可酿酒。蕨的幼叶有特殊的清香美味，但在食前须先用米泔水或清水浸泡数日，除去其有毒成分，再炒食或干制成蔬菜。

　　苏铁蕨的根状茎木质，粗短、直立，有圆柱形的主轴，密生红棕色长钻形鳞片。叶多数，簇生于主轴顶部，一回羽状复叶，小羽片条状披针形，渐尖头，叶片革质。叶脉网状，孢子囊沿最初网脉生长，以后向外满布于叶脉，孢子囊无盖。苏铁蕨是大型蕨类植物。根状茎粗短，直立，植株高可达1.2米，有圆柱状主轴，顶端密被红棕色长钻形鳞片。主轴直立或斜上，粗10～15厘米，单一或有时分叉，黑褐色，木质，坚实，顶部与叶柄基部均密披鳞片；鳞片线形，长达3厘米，先端钻状渐尖，边缘略具缘毛，红棕色或褐棕色，有光泽，膜质。叶簇生于主轴的顶部，略呈二形；叶柄长10～30厘米，粗3～6毫米，棕禾秆色，坚硬，光滑或下部略显粗糙；叶片椭圆披针形，长

50～100厘米，一回羽状；羽片30～50对，对生或互生，线状披针形至狭披针形，先端和渐尖，基部为不对称的心脏形，近无柄，边缘有细密的锯齿，偶有少数不整齐的裂片，干后软骨质的边缘向内反卷，下部羽片略缩短，彼此相距2～5厘米，平展或向下反折，羽片基部略覆盖叶轴，向上的羽片密接或略疏离，斜展，中部羽片最长，达15厘米，宽7～11毫米，羽片基部紧靠叶轴；能育叶片与不育叶同形，仅羽片较短较狭，彼此较疏离，边缘有时呈不规则的浅裂。叶脉两面均明显，沿主脉两侧各1行三角形或多角形网眼，网眼外的小脉分离，单一或一至二回分叉。

羽状复叶

羽状复叶是指三枚以上的小叶在叶轴的两侧排列成羽毛状，根据小叶的数目，分为奇数羽状复叶和复数羽状复叶；根据叶轴分枝情况，分为一回羽状复叶、二回羽状复叶、三回或多回羽状复叶。月季、花生、皂荚、含羞草等植物的叶均为羽状复叶。

复　叶

复叶是指一个叶柄生有多个叶片的叶，主要有羽状复叶、掌状复叶、三出复叶、单身复叶等类型。复叶的叶柄称为"总叶柄"，组成复叶的小叶的叶柄称为"小叶柄"。

单　叶

叶片是一个单个的称为单叶。单叶如具叶柄，则在叶柄上只着生一枚叶片，叶柄的另一端着生在枝条上，叶柄与叶片之间不具关节，如杨、柳、桃、竹等。

不具有形成层的蕨——水韭

过山蕨

水韭，属于水韭属。水韭全年或一年的部分时间沉生在水中，少数种为陆生。

水韭的根茎短，块状，不分枝，底部2～4浅裂，小型或中型蕨类，多为水生或沼地生。茎粗短，块状或伸长而分枝。水韭具原生中柱，下部生根，有根托。叶螺旋状排呈丛生状，一型，狭长线形或钻形，基部扩大，腹面有叶舌；内部有分隔的气室及叶脉1条；叶内有1条维管束和4条纵向具横隔的通气道。孢子囊单生在叶基部腹面的穴内，椭圆形，外有盖膜覆盖，二型，大孢子囊生在外部的叶基，小孢子囊生在内部的叶基。孢子二型，大孢子球状四面形，小孢子肾状二面形。配子体有雌雄之分，退化。精子有多数鞭毛。

水 韭 属

水韭属的植物约有70种，为小型或中型蕨类，多为水生或沼生，广泛分布于全世界。本属植物的根茎短，块状，不分枝，具原生中柱，下部生根，有根托。

中华水韭

中华水韭，多年生沼生植物，为小型蕨类，是一种沼泽指示植物，属于水韭科。植株高15～30厘米；根茎肉质，块状；叶多汁，草质，鲜绿色，线形。

指示植物

指示植物是指在一定区域范围内，能指示生长环境或某些环境条件的植物种、属或群落。按指示对象可分为：土壤指示植物；气候指示植物；矿物指示植物；环境污染指示植物；潜水指示植物。

水韭喜生地

蕨类植物的中柱

布朗耳蕨幼株

  维管植物茎的初生结构中，初生木质部与初生韧皮部组成的复合组织称为"中柱"。

  根据初生木质部与初生韧皮部的排列方式分为：原生中柱、管状中柱、网状中柱、真中柱和散生中柱5种。

  原生中柱：最原始的类型。木质部占据中央，周围为圆筒状韧皮部，包括单中柱、星状中柱、编织中柱。

  管状中柱：中柱中央有髓。木质部围绕髓呈圆筒状，包括双韧管状中柱和外韧管状中柱。

网状中柱：在节部，中柱产生许多裂隙，被分成一束束。管状中柱由于枝与叶的发生形成枝（叶）隙而呈网状。

真中柱：木质部和韧皮部并列成束，多束形成一圈。

散生中柱：单子叶植物，木质部与韧皮部并列成束，散生茎内。

木 质 部

木质部是维管植物的运输组织，由导管、管胞、木纤维、木薄壁组织细胞、木射线组成，负责将根吸收的水分和溶解于水里面的离子往上运输，供其他器官组织使用，还具有支持植物体的作用。

韧 皮 部

被子植物的韧皮部由筛管和伴胞、筛分子韧皮纤维和韧皮薄壁细胞等组成，位于树皮和形成层之间，具有支持、贮藏等功能。筛管为韧皮部的基本成分。

髓

髓是植物的茎或少数根的中心部分，由薄壁组织构成，结构疏松，有时含有厚壁组织。髓部细胞一般较大，具细胞间隙，细胞中常贮藏有淀粉、色素、单宁等。

蕨幼株

71

蕨类植物的生活史

蕨类植物的一生要经历两个世代，一个是体积较大、有双套染色体的孢子体世代，另一个是体积微小、只有单套染色体的配子体世代。

蕨类植物从受精卵开始，到孢子体上产生的孢子囊中孢子母细胞在减数分裂之前的阶段称为二倍体的"孢子体世代"，也称为"无性世代"。蕨类植物从单倍体的孢子开始，到配子体上产生精子和卵的阶段称为单倍体的配子体世代，也称为"有性世代"。这两个世代有规律地交替完成其生活史。蕨类和苔藓植物生活史最大不同有两点，一是孢子体和配子体都能独立生活；二是孢子体发达，配子体弱小，所以蕨类植物的生活史是孢子体占优势的异型世代交替。

在蕨类植物的生活史中，孢子体占优势，并且朝着配子体逐渐退化而孢子体逐渐发达的方向演化。

球子蕨幼株

蕨类植物

染　色　体

　　染色体是细胞内具有遗传性质的物体，是遗传物质基因的载体，在显微镜下呈丝状或棒状，主要由脱氧核糖核酸和蛋白质组成，易被碱性染料染成深色，因此得名。

世　　代

　　有世代交替的生物体从一个生殖期到下一个生殖期，称为"一个世代"。例如，小麦种子长出的苗就是一个世代，长出的种子再种下长出的苗是下一个世代。

受　　精

　　受精是指卵子和精子融合为一个合子的过程，是有性生殖的基本特征，普遍存在于动植物界。

粗茎鳞毛蕨幼株

73

蕨类植物的孢子囊和孢子

细毛碗蕨孢子囊群

在低等的蕨类植物中，孢子囊单生于孢子叶的近轴面叶腋或叶的基部，通常很多孢子叶紧密地或疏松地集生于枝的顶端形成球状或穗状，称孢子叶球或孢子叶穗，如石松和木贼等。在高等的蕨类植物中，蕨类植物不形成孢子叶穗，孢子囊也不单生于叶腋处，而是由许多孢子囊聚集成不同形状的孢子囊群或孢子囊堆，生于孢子叶的背面或边缘。孢子囊群有圆形、长圆形、肾形、线形等形状。孢子囊群常有膜质盖，称囊群盖，孢子囊的细胞壁由薄孢子囊或厚孢子囊组成。在细胞壁上有不均匀的增厚形成环带，环带的着生位置有多种形式，如顶生环带、横行中部环带、斜行环带、纵行环带等，这些环带对于孢子的散布有重要作用。孢子的形状常为两面形、四面形或球状四面形，外壁光滑或有脊及刺状突起或有弹丝。多数蕨类植物产生的孢子在形态大小上是相同的，称为孢子同型，少数蕨类如卷柏属和水生真蕨类的孢子大小不同，即有大孢子和小孢子的区别，称为孢子异型。产生大孢子的囊状结构叫大孢子囊，产生小孢子的叫小孢子囊，大孢子萌发后形成雌配子体，小孢子萌发后形成雄配子体。

配 子 体

配子体产生于植物的世代交替之中。蕨类植物的配子体称为"原叶体"，能独立生活，但生活期短，跟孢子体相比，不占优势地位。种子植物的配子体是指花粉粒和胚囊。

颈 卵 器

颈卵器，又称为藏卵器，是轮藻类、苔藓类、蕨类植物的雌性生殖器官，是有性世代的特殊构造，是产生卵细胞、受精和原胚发育的场所。退化型的颈卵器也见于裸子植物。

精 子 器

精子器，又称为藏精器，是孢子植物和真菌的雄性生殖器官，是产生精子（雄配子）的结构。苔藓和蕨类植物的精子器由多细胞构成，在藻类和真菌的精子器多由单细胞构成。

峨眉蕨孢子囊群

孢子囊汇合成线形——地耳蕨

地耳蕨，属于叉蕨科、地耳蕨属，具有清热解毒、活血止血等功效，可以用于治疗痢疾、小儿稀便、便血等症。

地耳蕨的植株高10～20厘米。根状茎长，横走，纤细，粗2～3毫米，密被鳞片；鳞片披针形，长约3毫米，先端纤维状，边缘有疏睫毛，膜质，褐棕色并稍有光泽。叶疏生，相距5～10毫米；不育叶叶柄长3～5厘米，纤细，基部粗约1.5毫米，暗禾秆色，上面有浅沟，基部密被鳞片，向上部密被有关节的开展的淡棕色长毛；能育叶叶柄长10～18厘米，下部疏被鳞片，向上几光滑无毛；叶二型，不育叶三角椭圆形，长6～9厘米，基部宽2.5～3.5厘米，先端钝圆，基部"戟"状并为心形，两侧边缘有波状的圆裂片，或为浅波状至近全缘，通常基部有一对分离的羽片，羽片对生，平展，有短柄，三角形，长1～2.5厘米，基部宽1～2厘米，先端钝圆，基部圆截形至浅心形，基部两侧有钝圆的耳状裂片，边缘浅波状至近全缘；能育叶强度

日本蹄盖蕨孢子囊群

缩狭，羽片三叉，顶生羽片线形，长5～7厘米，基部宽2～3毫米，柄长约1厘米，先端钝，基部楔形，上部边缘浅波状，下部羽状浅裂形成几对远离的钝圆裂片，侧生羽片对生，斜向上，有短柄，线形，长1～2厘米，宽2～3毫米，先端钝，基部下侧有一较短的分叉，边缘浅波状。叶脉联结成近六角形网眼，有分叉或单一的内藏小脉或无内藏小脉，两面均不明显；羽轴及侧脉暗禾秆色，上面光滑，下面密被有关节的淡棕色长毛。叶纸质，干后褐色，上面疏被早落的有关节的淡棕色毛，下面几乎光滑，叶缘密被有关节的淡棕色长睫毛。孢子囊汇合成线形，成熟时满布于能育叶下面，无囊群盖。

睫　毛

　　睫毛是指生长于睑弦的排列整齐的毛发，生长于睑缘前唇，排列成2～3行，短而弯曲，稍向前上方弯曲生长，有阻挡异物、保护眼球的作用。

戟

　　戟是一种中国独有的古代兵器，是戈和矛的合成体，既有直刃又有横刃，呈"十"字或"卜"字形，具有钩、啄、刺、割等多种用途，其杀伤能力胜过戈和矛。

囊　群　盖

　　囊群盖是真蕨植物中遮覆于孢子囊群上的膜状结构，对囊群有保护作用，形状多种多样，有肾形、长圆形、浅碟形、浅杯形等。蕨、铁线蕨、银粉背蕨等真蕨的囊群盖由叶缘反卷而成，称为假囊群盖。

蕨类植物的繁殖

市场上的蕨幼株

　　蕨类植物繁殖时，叶的背面产生许多单生或群生的孢子囊。有孢子囊着生的叶，称为孢子叶；无孢子囊着生的叶，称为营养叶。有些蕨类植物的孢子叶集生于茎顶而形成孢子叶球。孢子囊形成孢子，在其形成之前必须经过减数分裂。孢子成熟后，借风或水散发出去，并在适宜的条件下萌发，形成原叶体（配子体）。配子体能产生精子器和颈卵器，精子的数目比苔藓植物少；颈卵器的颈部较短，只有一个颈沟细胞。颈卵器中产生卵子，精子器中产生带鞭毛的精子。精子以水为媒介而游动，进入颈卵器与卵子结合。精子与卵子结合形成合子，合子发育成幼胚，暂时寄生于配子体上，随着胚的发育，配子体逐渐枯萎死亡，幼小的胚成长为能独立生活的孢子体。蕨类植物的受精作用必须在有水的条件下进行，因此这类植物的发展与分布受到一定的限制。蕨类植物的一生中没有开花结实现象，不产生种子，而是通过孢子来繁殖后代，这是蕨类植物区别于种子植物的最大特点。

减数分裂

当性细胞分裂时，染色体只复制一次，细胞连续分裂两次，染色体数目减半这种特殊的分裂方式称为减数分裂。减数分裂保证了物种染色体数目稳定，是物种适应环境变化，不断进化的表现。

有丝分裂

有丝分裂，又称为间接分裂，是真核细胞分裂产生体细胞的过程，具有周期性，普遍见于高等动植物。在有丝分裂的过程中，有纺锤体染色体出现，子染色体被平均分配到子细胞。

细胞的分裂

细胞的分裂具有周期性。连续分裂的细胞，从一次分裂完成时开始，到下一次分裂完成时为止，为一个细胞周期。一个细胞周期包括两个阶段：分裂间期和分裂期。分裂期又分为分裂前期、分裂中期、分裂后期和分裂末期。

对开蕨孢子囊群

孢子囊穗单生——七指蕨

华中铁角蕨孢子囊群

七指蕨，属于七指蕨科七指蕨属，为多年生草本植物。嫩叶可作蔬菜食用，根状茎可以入药，具有清肺化痰、散瘀解毒等功效，可以用于治疗咳嗽、咽痛、跌打肿痛、痈疮、毒蛇咬伤等症。

七指蕨的植株高30～55厘米。根状茎肉质横走，粗达7毫米，有很多肉质的粗根，靠近顶部生出一或二枚叶，叶柄为绿色，草质，长20～40厘米，基部有两片圆形淡棕色的托叶，长约7毫米，叶片由三裂的营养叶片和一枚直立的孢子囊穗组成。自柄端彼此分离，营养叶片几乎是三等分，每分由一枚顶生羽片（或小叶）和在它下面的1～2对侧生羽片（或小叶）组成，每分基部略具短柄，但各羽片无柄，全叶片长宽12～25厘米，宽掌状，各羽片长10～18厘来，宽2～4厘米，向基部渐狭，向顶端为渐尖头，边缘为全缘或往往稍有不整齐的锯齿。叶薄草质，无毛，干后全为绿色或褐绿色，中肋明显，上面凹陷，下面凸起，侧脉分离，密生，纤细，斜向上，1～2次分叉，达于叶边。孢子囊穗单生，通常高出不育叶，柄长6～8厘米、穗长达13厘米，直径5～7毫米，直立，孢子囊环生于囊托，形成细长圆柱形。

瓶尔小草目

瓶尔小草目属于真蕨亚门厚囊蕨纲，是比较原始的一目，包括瓶尔小草科、阴地蕨科和七指蕨科。本目植物的根状茎和根为肉质，叶二型，一至数枚，单一或多回羽状分裂，均出自总柄。

瓶尔小草科

瓶尔小草科属于瓶尔小草目，包括瓶尔小草属和带状瓶尔小草属两属。瓶尔小草属为土生蕨类，约有28种，主要分布于北半球；带状瓶尔小草属附生在树干上，叶大而下垂，仅两种，分布于热带雨林中。

蕨菜美食

休　眠

休眠是指植物对不良环境的适应，当不良环境或季节来临时，植物的某些器官或整株生长缓慢或暂停的一种状态。根据休眠出现的时间，休眠分为冬眠和夏眠。

蕨类植物的化学成分

黄酮类：分布广泛，多具有生理活性，最常见的有芹菜素、芫花素、木樨素等。

生物碱类：石松属中含有石松碱、石松洛宁，从石松科植物中分得石杉碱钾能防治老年性痴呆症。

酚类：二元酚类及其衍生物在大型叶的真蕨中普遍存在，如咖啡酸、阿魏酸及氯原酸，它们具有抗菌、止痢、止血和升高白细胞的作用。多元酚特别是间苯三酚类衍生物在鳞毛蕨属植物中常有存在。

萜类及甾体类：普遍含有三萜类化合物，主要是何伯烷型

和羊齿烷型五环三萜。在部分种中发现含有昆虫蜕皮激素，有促进蛋白质合成等活性。

以上的这些物质多是抗氧化物质，具有抗氧化作用。抗氧化作用是指能有效

蕨叶

抑制自由基的氧化反应的作用，这种作用在低浓度下也可进行。具有抗氧化作用的物质称为"抗氧化物质"，这类物质能够延缓身体退化速度，防止肌肤衰老。人体的抗氧化系统是一个完善且复杂的系统，补充抗氧化物质对人体健康有重要作用。

氧化作用

氧化作用是将物质分解并释放出能量的一种过程。在生物体外，燃烧作用就是物质的氧化作用；在生物体内，生物不会觉得体内有物质氧化

维生素

的感觉，所释放出来的能量一部分被细胞利用，另一部分则以热的形式释放出来。

生物类黄酮

生物类黄酮是一种抗氧化物质，与维生素C有协同效应，可以使维生素C在人体组织中趋于稳定。这类物质能够有效清除体内的自由基和毒素，预防和减少疾病的发生，还具有消炎、抗过敏、广谱抗菌、抗病毒作用。

其他抗氧化物质

重要的抗氧化物质包括维生素E、维生素C、硒、类胡萝卜素、辅酶Q、番茄红素、超氧化物歧化酶、多酚类物质、天然虾青素、花青素、金属硫蛋白等。

药用植物——水龙骨

水龙骨

　　水龙骨，又名石蚕、石豇豆、青石莲、青龙骨，属于水龙骨科水龙骨属，为多年生附生草本，生于阴湿岩石上或树干上。根状茎可入药，具有清热解毒、平肝明目等功效。

　　水龙骨的根状茎肉质，细棒状，横走弯曲分歧，鲜时青绿色，干后变为黑褐色，表面光滑或被鳞片，并常被白粉；鳞片通常疏生在叶柄基部或根状茎的幼嫩部，易脱落，深褐色，卵状披针形而先端狭长，网脉较粗而显著，网眼透明。叶疏生，直立；叶柄长3～8厘米，鲜时带绿色，干后变为淡褐色，表面光滑无毛，但散有褐色细点，基部呈关节状；叶片羽状深裂，羽片14～24对，线状矩圆形至线状披针形，先端钝形或短尖，全缘，基部一对羽片通常较短而稍下向，纸质，两面密被褐色短绒毛，叶脉除中肋及主脉外不明显。孢子囊群圆形，位于主脉附近，无囊群盖，孢子囊多数，金黄色。

药材特征

水龙骨药材呈细棒状，稍弯曲，有分歧，肉质，长6~10厘米，直径3~4毫米。表面黑褐色，光滑，有纵皱纹，并被白粉，一侧有须根痕或残留的须根。质硬而脆，易折断，断面较光滑，气无，味微苦。

水龙骨属

水龙骨属属于水龙骨科，为陆生或附生蕨类植物，包括50属，600种，主要分布于热带地区，代表植物包括线蕨、鹿角蕨、扇蕨、斛蕨、石蕨、盾蕨、骨碎补、二叉鹿角蕨、石韦、蟹爪叶盾蕨、截基盾蕨、连珠蕨等。

星　蕨

星蕨属于水龙骨科星蕨属，为附生或岩生蕨类植物。植株高40~60厘米，根茎短且肥厚，疏被鳞片。叶近簇生，直立或斜上生长，披针状形，淡绿色，具有光泽；侧脉纤细，两面均可见。

中华鳞毛蕨

蕨类植物的食用价值

蕨菜炒腊肉

　　蕨类植物的营养丰富，可供食用的种类很多，如菜蕨、蕨、毛轴蕨、凤尾蕨、水蕨、短肠蕨、乌毛蕨。其中，蕨菜属于蕨科，为多年生草本植物，是中国历史上的传统野菜。《诗经》和《本草纲目》等古籍中就有食用蕨菜的记载。蕨菜的鲜嫩叶或盐渍蕨菜中均含有铁、铜、铬、锰、硼、锶、锌、钙、镁、钾、钠、磷等营养元素，还含有人体必需的亮氨酸、赖氨酸、缬氨酸、苏氨酸、异亮氨酸、苯丙氨酸、蛋氨酸等氨基酸。中医认为，蕨菜具有解毒、清热、润肠、降气、化痰等功效，其纤维素可有促进肠道蠕动，减少肠胃对脂肪吸收的作用，是优良的减肥食品。许多蕨类植物的地下根状茎，含有大量淀粉，可酿酒或供食用，如观音座莲蕨。桫椤树内含胶质物，可供食用。

酿　　酒

　　酿酒是指利用微生物发酵生产含一定浓度酒精饮料的过程。高粱、玉米、大麦、小麦、大米、豌豆等富含淀粉的作物都可以作为酿酒的原料。酿酒原料不同，所需微生物和酿造过程也不一样。

腌　　渍

　　腌渍是一种很古老的贮存食品的方法。腌渍时，让大量的食盐或糖渗入食品组织内，有选择地控制微生物的活动和发酵，抑制腐败菌的生长，从而防止食品腐败变质。

市场上的蕨菜

干　　制

　　干制是蕨菜常用的贮存方法之一。蕨菜晾干后可以保存很长的时间，食用时，将干蕨菜浸泡后，用水煮后，择去粗梗，可以蘸酱、炒食。干制蕨菜的方法的记载最早见于《齐民要术》。

好吃好看的蕨——凤尾蕨

　　凤尾蕨的别名很多，主要以其叶形和生态环境来命名，属于凤尾蕨科凤尾蕨属，为多年生草本。全丛颜色嫩绿，叶片披拂，极有风姿，配山石盆景尤妙。地栽应选背阴湿润处，可供成片、成行绿化。叶可配插花。盆栽可点缀书桌、茶几、窗台和阳台，也适用于客厅、书房、卧室做悬挂式或镶挂式布置。全草都可以供药用，具有清热利湿、凉血解毒、止泻、强筋活络等功效，民间多用于治痢疾和止泻。

　　凤尾蕨的植株高35～45厘米，根粗壮，茎比较短，直立生长，并且有黑褐色条状披针形鳞片。叶二型，簇生，纸质，无毛；叶柄禾秆色，光滑；能育叶卵圆形，长25～30厘米，宽15～20厘米，一回羽状，但中部以下的羽叶通常分叉，有时

凤尾蕨

基部一对还有1～2片分离小羽片，宽1～1.5厘米，边缘锐尖锯齿。孢子囊群沿羽叶顶部以下的叶缘连续分布，像一条突起的虫卵一样，孢子是褐色的，囊群盖狭条形。

西南凤尾蕨

西南凤尾蕨又名三叉凤尾蕨，株高可达1.5米。根状茎短粗，呈木质化，先端被褐色鳞片。叶丛生，叶柄坚硬，栗红色，表面粗糙，有较宽的纵沟，叶片五角状阔卵形，三回羽状裂，自叶柄顶端分为三部分，中间一枝最大，长50～70厘米，宽20～25厘米，两侧的部分小于中央的一枝。

香鳞毛蕨植株

斜羽凤尾蕨

斜羽凤尾蕨为中型陆生蕨，株高50～80厘米，根状茎短而直立，先端及叶柄基部具褐色鳞片，二回羽状复叶，侧生羽片7～9对，对生，尾头可达1.5～2.5厘米，篦齿状深羽裂几乎达到羽轴，最下面一对羽片基部下侧通常有一片小羽片。叶脉明显斜展。

大叶凤尾蕨

大叶凤尾蕨的根状茎横生。叶柄光滑，浅棕色，直接长在根茎上，长约30厘米，叶革质，椭圆形，长约30厘米，宽20厘米，淡绿色。以叶片众为轴，羽片状开列。银叶凤尾蕨，是大叶凤尾蕨的一个变种，沿羽片中脉有两条白色的条纹，直达叶尖。

大型食用蕨类——蹄盖蕨科

蹄盖蕨科属于真蕨亚门水龙骨目，为土生植物，通常中小型，少有大型。根状茎细长横走，或粗长横卧，或粗短斜升至直立，内有网状中柱，外生或多或少的鳞片；鳞片披针形、卵状披针形、卵形、心形，或为狭长披针形及先端毛发状的细线形，全缘或边缘有细齿，棕色或黑色，有时中央棕色边缘黑色，细胞狭长，孔细密，不透明，基部着生或近中部盾状着生；叶簇生、近生或远生。叶柄上面有1～2条纵沟，下面圆，基部有时加厚变尖呈纺锤形，通常或多或少有类似根状茎上的鳞片，向上鳞片稀疏或变光滑。叶片通常草质或纸质，一至三回羽状，顶部羽裂渐尖或奇数羽状，叶片、羽片全缘或有锯齿，或羽片、小羽片及末回小羽片羽裂；裂片通常有锯齿或缺刻，少有全缘；叶脉分离，羽状或近羽状，侧脉单一或分叉。孢子囊群圆形、椭圆形、线形、新月形，通常生于叶脉背部或上侧；囊群盖圆肾形、线形、新月形、弯钩形或马蹄形。该科包括亮毛蕨属、冷蕨属、安蕨属、假蹄盖蕨属、蹄盖蕨属、介蕨属、羽节蕨属、拟鳞毛蕨属、蛾眉蕨属、假冷

猴腿蹄盖蕨幼株

蕨属、轴果蕨属、短肠蕨属、菜蕨属、角蕨属、网蕨属、肠蕨属、双盖蕨属等。

肠　蕨

肠蕨为中型至大型陆生植物，约100种，主要分布于热带和亚热带地区，多生于常绿阔叶林下或山谷溪沟边阴湿环境。一般根状茎粗大，褐色或近黑色。叶簇生，叶柄基部常为褐色或黑色。

中华短肠蕨

中华短肠蕨属于蹄盖蕨科短肠蕨属，为中型蕨类，常生于山谷林下溪沟边。植株高

新蹄盖蕨幼株

50～80厘米。根状茎横走，黑褐色，先端密被鳞片，可入药，具有清热祛湿的功效。叶干后呈草绿色或褐绿色。

轴　果　蕨

轴果蕨根状茎长且横走，先端密生鳞片。叶柄浅栗色或红褐色，有光泽；叶片阔卵形至三角形，绿色或褐绿色；叶脉两面明显，羽状，小脉单一或分叉；叶轴、羽轴下部和叶柄同色。

蕨类植物的药用价值

　　蕨类植物的许多种类都具有一定的药用价值，如杉蔓石松可祛风湿、舒筋活血；节节草可治化脓性骨髓炎；乌蕨可治菌痢、急性肠炎；长柄石韦可治急、慢性肾炎、肾盂肾炎等；绵马鳞毛蕨和其许多近亲种可治牛羊的肝蛭病；海金沙可治尿道感染、尿道结石；金毛狗可治刀伤出血；贯众可治虫积腹痛；骨碎补能坚骨补肾、活血止痛；槲蕨能补骨镇痛、治风湿麻木。蛇足石杉全草入药，具有清热解毒、生肌止血、散瘀消肿等功效，可以用于治疗跌打损伤、内伤出血，外用治痈疗肿

蕨类美食

毒、毒蛇咬伤、烧烫伤等症。但该品有毒，中毒时可出现头昏、恶心、呕吐等症状。瓶尔小草全草可入药，可以用于治疗喉痛、喉痹、白喉、口腔疾患、小儿肺炎、脘腹胀痛，毒蛇咬伤，疔疮肿毒；外用治急性结膜炎，角膜云翳，眼睑缘炎。问荆具有清热利尿、止痛消肿等功效。乌毛蕨的根茎入药，具有清热解毒、杀虫、止血等功效。紫萁属具有清热解毒、止血等功效，可以用于治疗感冒。

瓶尔小草

瓶尔小草，又名独脚黄、独叶一枝花、箭蕨、蛇须草，属于瓶尔小草科瓶尔小草属，为多年生草本。植株高7～20厘米，冬天无叶。根状茎短且直立，具肉质根。全草可入药，具有清热解毒、消肿止痛、活血散瘀等功效。

乌 毛 蕨

乌毛蕨属于乌毛蕨科乌毛蕨属，为多年生草本，是酸性土壤的指示植物。植株高0.5～2米。根状茎直立且粗短，木质，黑褐色，可入药，具有清热、解毒、杀虫、止血等功效。叶簇生于根状茎顶端，干后呈棕色。

紫 萁

紫萁属于紫萁科紫萁属。植株高50～80厘米或更高。根状茎短粗或呈短树干状。叶簇生，直立。嫩苗、根茎、叶柄残基等部位可入药。

常用的中药——粗茎鳞毛蕨

　　粗茎鳞毛蕨，又名绵马鳞毛蕨、鸡膀鳞毛蕨、野鸡膀子、绵马羊齿、东绵马、日本绵马、牛毛黄，属于鳞毛蕨科、鳞毛蕨属，为多年生中型蕨类植物，生于山地阴坡混交林下湿地，作为中药时，称为"贯众"。贯众含有绵马酸、绵马素、白绵马素、鞣质等多种成分，具有清热解毒、止血杀虫等功效。现代研究表明，贯众还具有抗肿瘤、抗疟、抗病毒、抑菌、兴奋子宫等作用。全属约400种，中国近200种，为该属的分布中心。

　　粗茎鳞毛蕨的植株高50～100厘米；根茎粗大，斜生，密生棕褐色长披针形大鳞片。叶簇生于根茎顶端；叶柄自基部直达叶轴密生棕色鳞片；叶倒披针形，长60～100厘米，二回羽状分裂；裂片密接，长圆形，近全缘或先端有钝锯齿，侧脉羽状分叉。孢子囊群分布于叶中部以上的羽片上，生于叶背小脉中部以下，每裂片2～4对；囊群盖圆肾形，棕色。圆锥花序长5～10厘米，后疏松开展，主轴与分枝粗糙；小穗长圆形，含4～6朵小花，长5～6毫米，绿色或亮紫色；叶片披针形，第一叶长约1.2毫米，第二叶长2毫米，有尖头；外稃倒卵形，长2.2～2.5毫米，脉不明显，先端三角形，钝尖，具缘毛与齿裂，基部无毛；内稃等长于外稃，沿两脊有纤毛。花药长圆形，长0.5～0.6毫米，浅黄色。花期6～7月。

鞣　质

鞣质，又称为单宁，是指存在于植物体内的多元酚类化合物，结构比较复杂的，能与蛋白质结合形成不溶于水的沉淀，属于天然有机化合物，广泛存在于植物中，具有局部止血、抑菌、抗病毒等作用。

外　稃

外稃又称为外颖或护颖，是禾本科植物花的一部分，本质上和颖片是一样的，并在同一花轴上产生。

内　稃

内稃是指直接包被着禾本科植物的花的稃，隔着外稃与花的主体相对，具有保护植物子房的作用。一般果实被内稃包覆得很紧，但裸麦的籽粒容易从内稃脱出。

猴腿蹄盖蕨幼株与粗茎鳞毛蕨幼株

全草入药——海金沙

海金沙，又名铁蜈蚣、金砂截、罗网藤、铁线藤、蛤唤藤、左转藤，为多年生攀援草本植物，生于山坡草丛或灌木丛中。全草入药，具有清利湿热、通淋止痛等功效。

海金沙的根茎细长，横走，黑褐色蓣栗褐色，密生有节的毛。茎无限生长；叶多数生于短枝两侧，短枝长3～8毫米，顶端有被毛茸的休眠小芽。叶二型，纸质，营养叶尖三角形，二回羽状，小羽片宽3～8毫米，边缘有浅钝齿；孢子叶卵状三角形，羽片边缘有流苏状孢子囊穗。孢子囊梨形，环带位于小头。孢子细小，为均匀的颗粒，多则聚成粉末状，棕黄色或淡棕黄色，质轻，用手捻之有光滑感，置手掌中，可由指缝间滑落。孢子期5～11月。

攀缘植物

海金沙水验法

取海金沙少许，撒于水上，浮于水面不下沉者为真品，下沉者，说明有泥土掺杂。

攀援植物

攀援植物是指能缠绕或依靠附属器官攀附他物向上生长的植物，一般茎细长不能直立，分为木本攀援植物和草本攀援植物两大类。牵牛花、菜豆、菟丝子、葡萄、茑萝、爬山虎等都属于攀援植物。

休眠小芽

生活在温带的多年生木本植物，枝条上近下部的许多腋芽在生长季节里往往是不活动的，暂时保持休眠状态，这种芽称为"休眠芽"。在当年生长季节中萌发的芽，称为活动芽。

爬山虎植株

祛风除湿——毛轴蕨

　　毛轴蕨隶属于蕨科蕨属，生长在山坡阳处或山谷疏林中的林间空地。嫩叶、根状茎可入药，具有祛风除湿、解热利尿、驱虫等功效，可以用于治疗风湿关节痛、疮毒等症。

　　毛轴蕨的植株高达1米。根状茎横走。叶远生；柄长35～50厘米，基部粗5～8毫米，禾秆色或棕禾秆色，上面有纵沟1条，幼时密被灰白色柔毛，老则脱落而渐变光滑；叶片阔三角形或卵状三角形，渐尖头，长30～80厘米，宽30～50厘米，三回羽状；羽片4～6对，对生，斜展，长20～30厘米，宽10～15厘米，柄长2～3厘米，二回羽状；小羽片12～18对，对生或互生，平展，无柄，与羽轴合生，披针形，长6～8厘米，宽1～1.5厘米，先端短尾状渐尖，基部平截，深羽裂几达小羽轴；裂片约20对，对生或互生，略斜向上，披针状镰刀形，长约8毫米，基部宽约3毫

毛轴蕨的生境

米，先端钝或急尖，向基部逐渐变宽，彼此连接，通常全缘；叶片的顶部为二回羽状，羽片披针形；裂片下面被灰白色或浅棕色密毛，干后近革质，边缘常反卷。叶脉上面凹陷，下面隆起；叶轴、羽轴及小羽轴的下面和上面的纵沟内均密被灰白色或浅棕色绒毛，老时渐稀疏。

欧 洲 蕨

　　欧洲蕨属于欧洲蕨属，为多年生植物。根茎呈黑色，在地下匍匐蔓延，互相缠绕；叶直立生于茎上，秋季枯死后仍常保持直立。

云 南 蕨

　　云南蕨属于蕨科蕨属。植株高1米左右。叶片卵状三角形，四回羽裂，裂片6～7对，全缘；叶脉在裂片为羽状，小脉二叉，上面凹陷，下面明显。叶干后草质，草绿色，上面略有疏毛，下面有密毛。

药用蕨类

　　《神农本草经》《本草纲目》等古籍中均有蕨类植物入药的记载。常见的药用蕨类包括卷柏、骨碎补、海金沙、贯众、石松、金毛狗、问荆、瓶尔小草、木贼、铁芒萁、紫萁、苹等。

石松植株

蕨类植物的观赏价值

　　许多蕨类植物姿态优美、典雅别致，具有很高的观赏价值，是著名的观叶植物。目前在温室和庭园中广泛栽培的有肾蕨、铁线蕨、卷柏、鸟巢蕨、鹿角蕨、桫椤、王冠蕨、槲蕨等。肾蕨叶片翠碧光润，四季常青；铁线蕨植株丛生，根状茎横走，叶柄光亮乌黑，纤细如铁丝；鹿角蕨为多年附生草本，叶片丛生下垂，顶端分叉如鹿角；桫椤形如巨伞，状若华盖，苍劲挺拔，四季常青，树形优美，享有"蕨类植物之王"的美誉。鸟毛蕨形态优美，具有苏铁之风韵，是一种观赏价值很高的蕨类，适宜大型盆栽观赏，也适合园林花坛、林下、道旁地栽。白玉凤尾蕨，由于其小巧飘逸的株形，斑纹醒目的叶片，给人清新亮丽、赏心悦目的感觉，是一种十分优秀的室内观叶植物，适于小型盆栽，装点书房、案几、窗台等，在园林中可用于山石盆景的布置，也可作切花的配叶。银脉凤尾蕨叶丛小

粗茎鳞毛蕨植株

巧细柔，叶脉银白色，姿态清秀，素雅美丽，适宜盆栽点缀窗台、阳台、案头和书桌，也用于插花配叶和瓶景。

观叶植物

观叶植物是指以观叶为主的植物。这些植物一般叶形和叶色美丽，需光量较少。蕨类植物是极具观赏价值的观叶植物。地锦、鹅掌藤、椒草类、滴水观音、鹅掌楸、吊兰等都是常见的观叶植物。

美丽的蕨类

观花植物

观花植物是指以观花为主的植物。这些植物一般花色艳丽，花朵硕大，花形奇异，并具香气。水仙、迎春、杜鹃花、牡丹、月季、米兰、昙花、大丽花、荷花、菊花、桂花、腊梅等都是常见的观花植物。

植物器官

构成植物的基本单位是细胞；构成植物体的基础是组织，组织是由细胞逐渐分化形成的。不同的组织相互结合，形成的部分称为"器官"，器官具有显著的形态特征和特定的生理功能。植物器官分为营养器官和生殖器官两大类。

极具观赏性的植物——翠云草

忍冬植株

    翠云草，又名龙须、蓝草、蓝地柏、绿绒草，属于卷柏科卷柏属，为多年生中型伏地蔓生蕨。其羽叶细密，并会发出蓝宝石般的光泽，不同凡响，点缀书桌或置于博古架上，十分可爱。由于茎枝具匍匐性，做吊盆亦能展现其柔软悬垂的美感，也可种于水景边湿地。翠云草姿态秀丽，蓝绿色的荧光使人赏心悦目，在南方是极好的地被植物，也适于北方盆栽观赏，于种植槽中成片栽植效果更佳，也是理想的兰花盆面覆盖材料。全草可入药，具有清热解毒、利湿通络、止血生肌、化痰止咳等功效，可以用于治疗黄疸型肝炎、痢疾、高热惊厥、胆囊炎、肾炎、肠炎等症，外用治荨麻疹、乳痈、外伤出血、烫火伤。

    翠云草主茎伏地蔓生，长约1米，分枝疏生，极细软。节处有不定根，叶卵形，二列疏生。多回分叉。分枝向上展伸，其上覆有互生、羽状、叉状分枝的小枝，末回小枝连叶宽4~6毫米。叶异形，排列于一平面上，下面深绿色，上面为碧蓝色，卵状椭圆形，长2～3毫米，宽1～2毫米，顶端近短尖，边缘透明，全缘，近两侧对称，基部深圆形或近心形；生于主茎上的叶最大，斜椭圆形，疏生，直立，短渐尖，基部近心形，全缘，边缘透明。孢子囊穗四棱形，长6～12.5毫米；孢子叶密生，卵状三角形，龙骨状，有中脉，有长渐尖头，全缘，四裂，复瓦状排列；孢子囊卵形；大孢子黄白色，表面有不整齐的管状疣突；小孢子基部有冠毛状突出物，中部有多枚成行的小刺。

缠 绕 茎

　　缠绕茎是植物茎的一种。缠绕茎上没有卷须、吸盘等特殊的附属结构，能以螺旋缠绕的方式沿着别的东西（比如竹竿）向上生长。它的名称也由此得来。缠绕茎不是随意向上生长的，而是有一定规律的。缠绕茎的植物向上生长有3种方式：缠绕的方向向左旋(逆时针方向)，如牵牛花、马兜铃、菜豆；缠绕的方向向右旋（顺时针方向），如扁豆、忍冬；缠绕的方向可左可右，叫做中性缠绕茎，例如何首乌。

匍 匐 茎

　　匍匐茎是平伏于地面生长的茎，细软，不能直立，沿地面生长来扩大营养面积，如草莓、红薯，都是匍匐茎。

攀 缘 茎

　　攀缘茎之所以攀缘是因为它们的茎过于纤细而无法直立，只好依赖其他物体作为支柱，如黄瓜、丝瓜、葡萄及爬山虎等。这些植物的茎都有一套特殊的"攀登"装置。葡萄靠茎上的卷须攀缘而上，爬山虎利用短枝上的吸盘附着于墙壁上。

蕨类植物的指示作物

　　不同的植物种类要求不同的生长环境，有的适应幅度较大，有的较小，后者只有在满足了它对环境条件的要求下，才能够生存下去，这种植物相对地指示着当地的环境条件，叫做指示植物。蕨类植物对外界自然条件的反应具有高度的敏感性，不同的属或种类的生存，要求不同的生态环境条件，如石蕨、肿足蕨，粉背蕨、石韦、瓦韦等属（少数例外）生于石灰岩；鳞毛蕨、复叶耳蕨、线蕨等属生于酸性土壤；有的种类适应于中性或微酸性土壤。有的耐旱性强，适宜于较干旱的环境，如旱蕨、粉背蕨等；相反地；有的只能生于潮湿或沼泽地区，如沼泽蕨、绒紫萁。因此，从生长的某种蕨类植物，可以标志所在地的地质、岩石和土壤的种类、理化性、肥沃性以及光度和空气中的湿度等，借此判断土壤与森林的不同发育阶段，有助于森林更新和抚育工作。其次，蕨类植物的不同种类，可以反映出所在地的气候变化情况，借此我们可以划分不

粗茎鳞毛蕨植株

同的气候区，有利于发展农、林、牧，提高产量，如生长着杪椤树、地耳蕨、巢蕨的地区，标志着热带和亚热带气候，宜于栽培橡胶树、金鸡纳等植物，生长杪椤树的地区，标志着南温带气候，其绝对最低温度经常在冰点以上，生长绵马鳞毛蕨、欧洲绵马鳞毛蕨的地区，标志着北温带气候等。另外，生长石松的地方，一般与铝矿有密切关系。

石　灰　岩

石灰岩，又称为灰岩，是以方解石为主要成分的碳酸盐岩，呈灰、灰白、灰黑、黄、浅红、褐红等色，硬度不大，主要化学成分是碳酸钙，易溶蚀，是烧制石灰和水泥的主要原料。

地　　质

地质是指地球的性质和特征，主要是指地球的物质组成、结构、构造、发育历史等，包括地球的圈层分异、物理性质、化学性质、岩石性质、矿物成分、岩层和岩体的产出状态、接触关系，地球的构造发育史、生物进化史、气候变迁史，以及矿产资源的赋存状况和分布规律等。

石灰岩

冰　　点

冰点，又称为凝固点，是水凝固时的温度。淡水的冰点为0℃，海水的冰点低于淡水，冰点随着盐度的增加而降低。

耐旱的旱蕨属植物

　　旱蕨属有80多种植物，主产南美洲和南非洲及其附近岛屿，向南到智利和新西兰，向北到加拿大；亚洲约有15种，主要分布于西南亚；中国现有10种。

　　旱蕨属的植株高10～30厘来。根状茎短而直立，密被亮黑色有棕色狭边的钻状披针形小鳞片。叶多数，簇生；柄长6～20厘米，粗1～1.5毫米，圆柱形，栗色或栗黑色，有光泽，基部疏被深棕色小鳞片，向上全体密被红棕色短刚毛；叶片长圆形至长圆三角形，长4～12厘米，基部宽3～6厘米，顶部羽裂渐尖，中部以下三回羽裂；羽片3～5对，基部一对最大，三角形，长2.5～3.5厘米，基部宽2～2.5厘米，短尾头，基部上侧与叶轴并行，下侧斜出，几无柄或有极短柄，二回深羽裂；小羽片4～6对，羽轴上侧的长约1厘米，宽2～3厘米，披针形，钝尖头，基部与羽轴合生，全缘，羽轴下侧的远较上侧的长，基部一片尤长，长1.5～2厘米，宽1.5厘米，长圆形，短尾头，基部上侧平截，与羽轴并行，下侧斜出，无柄，羽状深裂达羽轴阔翅；裂片5～7对，披针形，第二片小羽片或为浅羽裂或仅

旱蕨生境

下侧有一二短裂片，向上均为全缘；基部以上羽片略渐缩短。叶脉在裂片上羽状分叉，下面明显隆起，上面略可见。叶干后革质或坚纸质，灰褐绿色，两面无毛，叶轴及羽轴上面和叶柄同色，密被棕色短刚毛。孢子囊群生小脉顶部；囊群盖由叶边在小脉顶部以下反折而成，在反折处形成隆起的绿色边沿，盖为膜质，褐棕色，边缘为不整齐的粗齿牙状。

本属常见植物有三角羽旱蕨、四川旱蕨、毛旱蕨、宜昌旱蕨、凤尾旱蕨、西南旱蕨、西藏旱蕨、旱蕨、滇西旱蕨、云南旱蕨。

三角羽旱蕨

三角羽旱蕨属于中国蕨科旱蕨属，为多年生草本。植株高15～25厘米。根状茎粗短横卧或斜升。叶簇生，叶片长圆状三角形，叶脉两面不显。叶干后革质，灰绿色，两面无毛；叶轴、羽轴及小羽柄均为栗黑色。

毛　旱　蕨

毛旱蕨属于中国蕨科旱蕨属。植株高20～60厘米。根状茎短而直立。叶簇生，叶片三角状披针形，叶脉上面不显，下面可见。叶干后纸质，灰棕绿色。

凤尾旱蕨

凤尾旱蕨属于中国蕨科旱蕨属。植株高10～35厘米。根状茎短而直立，密被鳞片。叶簇生，能育叶片长圆形，不育叶较能育叶为短。叶脉两面不显。叶干后草质，灰褐绿色，两面无毛。

生长在热带和亚热带的巢蕨

巢蕨，又名鸟巢蕨、山苏花、雀巢蕨，属于铁角蕨科巢蕨属。叶辐射状环生于根状短茎周围，中空如鸟巢，故名。原产热带、亚热带地区。喜温暖阴湿环境，常成大丛附生在大树分枝上或石岩上。巢蕨叶片密集，碧绿光亮，为著名的附生性观叶植物，常用其制作吊盆（篮）。

巢蕨的植株高100～120厘米。叶阔披针形，革质，两面滑润，锐尖头或渐尖头，向基部渐狭而长下延，全缘，有软骨质的边，干后略反卷，叶脉两面稍隆起。巢蕨具有强壮筋骨、活血祛瘀等功效，可以用于治疗跌打损伤、骨折、血瘀、头痛等症。

巢蕨盆栽常用山泥、塘泥掺拌适量碎木屑为培养基质，再稍微加点基肥。基肥可用豆饼；有条件的可用蕨根、苔藓或碎树皮作盆栽材料。栽植后宜放在庭院内遮去约50%左右阳光的树荫下养护。每5～7天要转动一次花盆方向，使植株受光均

巢蕨

匀，各部分平衡发展，以利促其生长健壮。巢蕨的繁殖一般用分株法。植株生长较大时，常常出现小型的分枝，可在春末夏初新芽生出前，用利刀慢慢把需要分出的植株根系切离，再分别栽植即可。

垂吊植物

垂吊植物是指种植于高处，茎和叶从栽培容器的边缘向下悬垂，以供人们观赏的一类植物，包括吊兰、常春藤、绿萝、垂吊矮牵牛等。

苔　藓

苔藓植物属于最低等的高等植物，是小型的绿色植物，无花，无种子，以孢子繁殖。苔藓植物门包括苔纲、藓纲和角苔纲。植物喜欢散射光线或半阴环境，一般生长在裸露的石壁上，或潮湿的森林和沼泽地。在植物界的演化进程中，苔藓植物代表着从水生逐渐过渡到陆生的类型。

日本矮牵牛花

豆　饼

豆饼是大豆(主要是黄豆和黑豆)榨油后的副产品，营养价值极高，含有畜禽所必需的氨基酸，是优良的饲料，也可以作为植物的有机肥。

蕨类植物的养护

蕨类植物喜温暖及半阴环境，畏强光和寒冷，好肥，要求土壤肥沃疏松排水性好，高温干燥季节，经常向叶面喷水增湿。蕨类植物适合生长于肥沃排水良好的土壤中。冬季移入室内，要放置在能够接受较多光照的地方，盆土也要保持适当湿润，不能太干，室温保持不低于10℃（不同品种的室温也不一样，要看具体的品种），中午前后用微温水喷雾，有利于保持其良好的观赏效果。鸟巢蕨又称巢蕨、山苏花、王冠蕨，为铁角蕨科巢蕨属多年生阴生草本观叶植物。鸟巢蕨由于喜水，所以盆土宁湿勿干为宜，需要保持一定的湿润，不要制定固定的浇水时间。气温高时可以浇水浇的勤些，每天或隔日进行，气温低的环境条件下，可3～5天进行一次。气温在15～26℃之间可以浇灌稀薄的肥水，对生长极为有利。蕨类植物喜温暖湿润的环境，不耐高温与寒冷，高于30℃时要多喷水、多通风，增加空

溪洞碗蕨生境

气湿度。另外，虽然鸟巢蕨耐阴性比较强，但也需要有散射的光照生长才更好，不要长期放在无光照处。当然，阳光强烈时也要防止曝晒。鸟巢蕨生长适宜温度为22～27℃，夏季要进行遮阴，或放在大树下疏荫处，避免强阳光直射，这样有利于生长，使叶片富有光泽。在室内则要放在光线明亮的地方，不能长期处于阴暗处。冬季要移入温室，温度保持在16℃以上，使其继续生长，但最低温度不能低于5℃。随着叶片的增大，叶片常盖满盆中培养土，浇水务必浇透盆，才可避免植株因缺水而造成叶片干枯卷曲。

叶面喷水

夏季高温、多湿条件下，新叶生长旺盛需多喷水，充分喷洒叶面，保持较高的空气温度，对孢子萌发有利。蕨类植物喜温暖湿润的环境，不耐高温与寒冷，高于30℃时要多喷水、多通风。

叶面喷肥

叶由叶片、叶柄和托叶等部分组成，叶片由表皮、叶肉和叶脉等部分组成。叶片上还分布了很多气孔，肥料喷施于叶片之上，能够通过这些气孔进入叶肉组织之中，从而被植物吸收。

见干见湿

见干见湿是指在栽培植物时，要在土壤快干透时浇水，浇水要浇透，使土壤不过干或过湿，防止植物烂根或干旱，在保证了供应植物生长所需的水分的同时，还保证了土壤中植物根部呼吸所需的氧气。

濒危珍稀蕨类植物

银粉背蕨

随各地区植物考察的深入，不断有蕨类植物新种被发现。但与此同时，也有一些种由于环境改变或人为破坏而消失或濒临灭绝。

森林破坏，造成空气湿度降低，以及地下水位下降，使原有生态环境改变，影响植物种的生存和繁殖，如光叶蕨。工农业建设事业的发展使局部地区一些植物种消失，如中华水韭、荷叶铁线蕨。由于对一些药用及观赏植物只宣传其价值，而不强调保护的重要性，使一些蕨类植物遭受毁灭性的摧残，如鹿角蕨。旅游区对一些小型稀少植物不加保护，致使其遭践踏而无法生长，如瓶尔小草。

中国蕨类植物十分丰富，约有2600种。在属级水平上，中国有6个特有属：中国蕨属、光叶蕨属、边果蕨属、玉龙蕨属、黔蕨属和扇蕨属。1999年，中国政府公布了第一批国家重点保护野生植物名录，名录中包括蕨类植物14种和4类，其中光叶蕨、玉龙蕨和水韭属的所有种类都是国家一级保护植物，中国蕨、扇蕨、鹿角蕨、水蕨、七指蕨、单叶贯众、天星蕨、苏铁蕨、对开蕨、金毛狗、观音座莲科的一些种类及桫椤科的所有种类都是国家二级保护植物。实际上，中国珍稀的蕨类植物远不止国家公布的这些保护植物，另有许多蕨类植物的个体十分稀少，正面临着灭绝的危险。而导致这些珍稀蕨类濒危的原因，很多都是人为因素造成的，例如过度采挖、土地开发、森林被大面积砍伐等。

中 国 蕨

中国蕨属于水龙骨目中国蕨科中国蕨属，为小型旱生蕨类，分布于云南西部和四川西南部，生于裸露的干旱岩石上。根状茎直立或倾斜。叶片五角形，掌状深裂成5枚羽裂的羽片；叶轴、羽轴和叶脉全为栗色。

边 果 蕨

边果蕨分布于云南，生于阴地灌木丛中。植株高达1.1米。叶片阔披针形，互生，无柄，干后常反卷。叶草质，干后绿色，下面无毛。孢子囊群长圆形，生于侧脉顶端稍下处，较近叶边。

玉 龙 蕨

玉龙蕨是中国特有的蕨类植物，属于鳞毛蕨科玉龙蕨属，零星散生长于碎石间隙中，每年只有短暂的生长期。根状茎短，直立或斜升。叶柄和叶轴表面布满鳞片。叶片线状披针形，具短柄。

ZOU JIN DA ZI RAN

受人类活动影响的蕨——光叶蕨

　　光叶蕨，属于蹄盖蕨科，为多年生草本植株，是濒危种植物，主要分布在四川西部山地长绿落叶阔叶混交林下。

　　植株高约40厘米。根状茎粗短，横卧，仅先端及叶柄基部略被1～2枚深棕色披针形小鳞片。叶密生，叶柄短，长5～7厘米，基部褐棕形小鳞片。叶片长30～35厘米，宽5～8厘米，披针形，向两端渐变狭，二回羽裂；羽片30对左右，近对生，平展，无柄，下部多对向下逐渐缩短，基部一对最小，长6～12厘米；中部羽片长2.5～4厘米，宽8～10毫米，披针形，渐尖头，基部不对称，上侧较下侧为宽，截形，与叶并行，下侧楔形，羽状深裂达羽轴两侧的狭翅；裂片10对左右，长圆形，钝头，顶缘有疏圆齿，或两侧略反卷而为全缘；叶脉在裂片上羽状，3～5对，上先出，斜向上；叶坚纸质，干时褐绿色，光滑。孢

　猴腿蹄盖蕨

子囊群圆形，仅生于裂片基部的上侧小脉，每裂片一枚，沿羽两侧各1行，靠近羽轴，通常羽轴下侧下部的裂片不育；囊群盖扁圆形，灰绿色，薄膜质。孢子卵圆形，不透明，表面被刺状纹饰。

落 叶 树

落叶树是指寒冷或干旱季节，叶枯死脱落的树种，全部老叶脱落后进入休眠时期，绝大多数分布于温带地区，包括国槐、垂槐、垂柳、合欢、垂榆、梧桐、银杏、水杉、臭椿、落叶松、杨树等。

针 叶 树

针叶树是指树叶细长如针的树种，一般生长缓慢，寿命长，叶多为针形、条形或鳞形，具有球花，胚珠裸露，包括红松、樟子松、落叶松、云杉、冷杉、铁杉、杉木、柏本、云南松、华山松、马尾松等。

阔 叶 树

阔叶树是指叶片较宽阔且扁平的树种，一般为双子叶多年生木本植物，叶常绿或落叶，叶形随树种不同而不同，包括樟树、楠木、银杏、白玉兰、梅花、樱花、合欢、国槐、龙爪槐、元宝枫、垂叶榕等。

合欢

115

形似鹿角——鹿角蕨

鹿角蕨

　　鹿角蕨，又名麋角蕨、蝙蝠蕨、鹿角羊齿，属于水龙骨科鹿角蕨属，为附生性观赏蕨，常附生于树干分枝上、树皮干裂处或生长于浅薄的腐叶土和石块上。其孢子叶十分别致，形似梅花鹿角，常用于观赏。

　　根状茎肉质，短而横卧，有淡棕色鳞片。叶两列，二型，基生叶（腐殖叶）厚革质，直立或下垂，无柄，贴生于树干上，长25～35厘米，宽15～18厘米，先端截形，不整齐3～5次叉裂，裂片近等长，全缘，两面疏被星状毛，初时绿色，不久枯萎，褐色，宿存；能育叶常成对生长，下垂，灰绿色，长25～70厘米，分裂成不等大的3枚主裂片，基部楔形，下延，几无柄，内侧裂片最大，多次分叉成狭裂片，中裂片较小，两者均能育，外侧裂片最小，不育，裂片全缘，通体被灰白色星状毛，叶脉粗突。孢子囊散生于主裂片的第一次分叉的凹缺处以下，不到基部，初时绿色，后变黄色，密被灰白色星状毛，成熟孢子绿色。

美洲鹿角蕨

美洲鹿角蕨，又称为安第斯鹿角蕨，属于水龙骨科鹿角蕨属。原产于秘鲁、玻利维亚。孢子叶表面密被细毛，呈白色状，叶长达3米，十分壮观。

三角叶鹿角蕨

三角叶鹿角蕨属于水龙骨科鹿角蕨属。全株灰绿色，孢子叶和营养叶向上生长，营养叶长圆形，顶部呈波浪状。

大鹿角蕨

大鹿角蕨属于水龙骨科鹿角蕨属。营养叶巨大，淡绿色孢子叶下垂，长达 1.5米，20年生母株才能产生孢子。

鹿角蕨

对蕨类植物的保护

　　蕨类植物与人们的生活有密切关系，它们之中很多种是传统的中药和民间草药，约占全部种类的10％，如贯众、海金沙、绵马鳞毛蕨等。又如金毛狗脊蕨具有补肝肾，强腰膝的功效，近年来出口需求量很大，每年超过百吨。虽然金毛狗脊蕨分布较广，也要限量出口加以保护。蕨类植物多为阴生，叶质坚厚，宜作观叶植物及插花的切叶材料。还有少数种类如菜蕨、蕨、荚果蕨等的拳卷叶芽，加工后可作蔬菜并出口；满江红的叶下具有和蓝藻中的念珠藻共生结构，可固定空气中的氮，是水稻的优良绿肥。总之，蕨类植物与其他绿色植物共同创造了地球表面人类生存所必需的环境条件。因此，加强对蕨类植物的保护是我们不可推卸的责任。首先，对急需保护的一些稀有濒危种类应建立专门的保护区，如贵州赤水的桫椤自然保护区。其次，对某些特殊植物因建设需要不能保证在原地生

蕨类

存（如长江三峡工程的启动，受威胁的荷叶铁线蕨）需要在相同或相近的气候土壤环境条件的安全地点建立试验场，促使其能在野生条件下易地繁衍。同时加强宣传，提高人们对生物多样性保护的认识，禁止对某些有经济价值蕨类植物的滥采乱挖也很重要。

濒危蕨类植物

濒危蕨类植物包括荷叶铁线蕨、原始观音座莲、对开蕨、光叶蕨、桫椤、笔筒树、玉龙蕨、宽叶水韭、中华水韭、狭叶瓶尔小草、鹿角蕨、扇蕨、中国蕨等。

濒危被子植物

濒危被子植物包括羊角槭、金钱槭、八角莲、七子花、雪莲、革苞菊、望天树、岩高兰、蓝果杜鹃、杜仲、半枫荷、黄芪、红豆树、延龄草、鹅掌楸、大果木莲、水青树、水曲柳、草苁蓉、黄连、黄檗等。

叶子的脱落

器官脱落是植物的一种自我修剪过程，是对环境的一种适应，也是器官间相关性的一种表现。植物通过脱落可以摆脱损伤、染病或衰老。干旱时，叶子大量脱落能减少水分的蒸腾损失。

蕨叶

观音座莲目

猴腿蹄盖蕨植株

　　观音座莲目属真蕨植物门厚囊蕨纲比较进化的一目，可栽植于庭园作为景观植物，颇为优美。本目分4科：合囊蕨科、观音座莲科、天星蕨科和多孔蕨科，广泛分布于世界热带和亚热带森林中。本目植物茎及叶柄含丰富淀粉，可供食用；嫩叶也可炒食或煮食。根状茎肥大，叶柄基部呈托叶状，肉质，并以关节和根状茎相连。叶丛生，其基部各有托叶两片，叶片老化脱落后，托叶仍继续存在，经过多年后，许多托叶联合起来，便形成一个大团块，好像是一个莲花座，根状茎肥大，叶柄基部呈托叶状，肉质，并以关节和根状茎相连；叶片通常1～2回羽状，少为掌状，羽片或小羽片也以关节着生于叶轴或小羽柄上，叶脉羽状，少为网状。孢子囊具数层细胞组成的厚壁，生叶片下面的叶脉上，形成线形或长圆形的分离孢子囊群，或圆形的聚合囊群，孢子囊无环带。

　　观音座莲科的植物喜生于季节性雨林阴湿的生境，常构成草本地被层常见的成分，特别是山坡下部沟谷边缘分布最多，也较高大。

　　观音座莲科的植物有食用和药疗的功效。其硕大肉质的根状茎，呈褐色，含有大量淀粉，可以直接食用或提取淀粉。药用价值主要有安神、祛风湿、解毒、止血等功效，可用于清肺止咳，消肿散结，对咳嗽、淋巴结核、跌打损伤、骨折有疗效。

福建观音座莲

　　福建观音座莲属于观音座莲科观音座莲属，分布于热带、亚热带地区，常野生于林下溪边或沟谷。植株高1.5～3米。根茎块状，直立。叶簇生，叶柄粗壮，叶片阔卵形，二回羽状复叶。羽片5～7对，互生，狭长圆形。

原始观音座莲

　　原始观音座莲属于观音座莲科观音座莲属，喜生于季节性雨林阴湿的生境。植株高80～120厘米。根状茎短，近直立，肉质。根粗壮，肉质，光滑。叶簇生，边全缘或略呈波状，顶部具锯齿。

冬眠和夏眠

　　按植物休眠的时间，植物休眠可以分为冬季休眠和夏季休眠。温带地区的植物进行冬季休眠，而有些夏季高温干旱的地区，植物则进行夏季休眠。